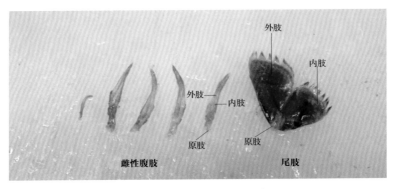

彩图5 小龙虾的腹肢和尾肢

彩图6 小龙虾的消化系统和呼吸系统

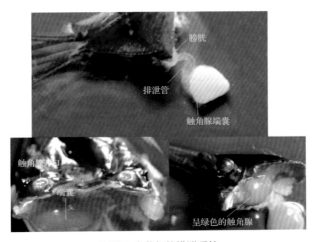

彩图7 小龙虾的排泄系统

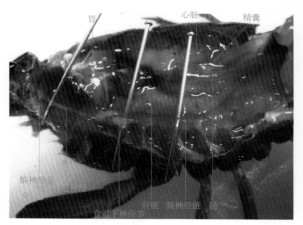

胃　　　　　　　心脏　　精囊

脑神经节

食道下神经节　　　　　肝脏　腹神经链　肠

彩图8 小龙虾的神经系统

彩图9 小龙虾打洞

彩图10 小龙虾室内工厂化育苗车间

彩图11 不同发育阶段的小龙虾卵巢

彩图12 正在交配的小龙虾

彩图13 抱卵小龙虾

彩图14 室内抱卵小龙虾孵化

彩图15 小龙虾苗种

彩图16 小龙虾池塘养殖

彩图17 伊乐藻

彩图18 轮叶黑藻

彩图19 苦草

彩图20 喜旱莲子草

彩图21 大规格小龙虾苗种

彩图22 稻田养殖小龙虾

彩图23 水芹田养殖小龙虾

彩图24 藕田养殖小龙虾

彩图25　小龙虾头胸甲上的白斑

彩图26　小龙虾的肝胰腺发白

彩图27　烂鳃病

彩图28　甲壳溃疡病

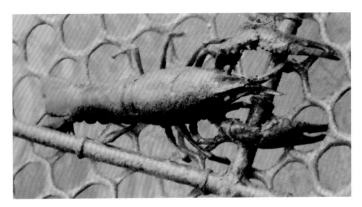

彩图29　水霉病

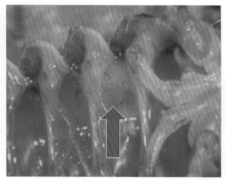

彩图30 小龙虾瘟疫病

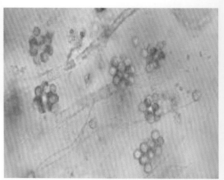

彩图31 显微镜下的瘟疫病真菌

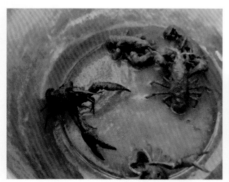

彩图32 患纤毛虫病的小龙虾

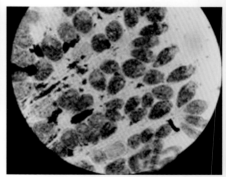

彩图33 显微镜下的累枝虫

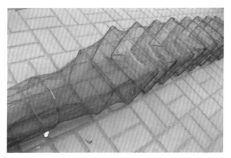

彩图34 地笼

彩图35 虾笼

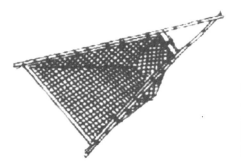

彩图36 三角形手抄网

彩图37 拉网捕捞

彩图38 小龙虾干法运输

彩图39 成虾运输箱

彩图40 盱眙十三香龙虾

彩图41 盐水原汁小龙虾

彩图42 香辣小龙虾

彩图43 椒盐小龙虾

彩图44 小龙虾加工

无公害水产品安全生产技术丛书

小龙虾
无公害安全生产技术

顾志敏　主编　　　李飞　李喜莲　副主编

化学工业出版社
·北京·

小龙虾，学名克氏原螯虾，味道鲜美，深受广大消费者的喜爱。经过我国水产科技工作者和养殖从业者多年的探索和实践，小龙虾现已成为我国水产养殖重要品种之一，是我国一种重要的淡水虾类资源，也是我国淡水渔业出口创汇的重要产品之一。随着社会的不断进步，小龙虾产业的转型升级和人们对食品安全的要求越来越高。本书从无公害的角度出发，通过总结作者多年从事小龙虾等淡水虾类养殖研究的成果与实践经验，参考大量有关克氏原螯虾的论文和书籍，对小龙虾的苗种生产、成虾养殖、病害防治等生产整个过程实行严格的无公害要求，编写了本书。编写的内容简明扼要，可以作为养殖户的生产指导用书，也可以作为水产科研单位、渔业生产单位技术培训教材。

图书在版编目（CIP）数据

小龙虾无公害安全生产技术/顾志敏主编 . —北京：
化学工业出版社，2018.1
（无公害水产品安全生产技术丛书）
ISBN 978-7-122-30845-0

Ⅰ.①小… Ⅱ.①顾… Ⅲ.①龙虾科-淡水养殖-无
污染技术 Ⅳ.①S966.12

中国版本图书馆 CIP 数据核字（2017）第 256893 号

责任编辑：漆艳萍　　　　　　　　　文字编辑：赵爱萍
责任校对：边　涛　　　　　　　　　装帧设计：韩　飞

出版发行：化学工业出版社（北京市东城区青年湖南街13号　邮政编码100011）
印　　装：大厂聚鑫印刷有限责任公司
850mm×1168mm　1/32　印张6　彩插4　字数155千字
2018 年 1 月北京第 1 版第 1 次印刷

购书咨询：010-64518888（传真：010-64519686）
售后服务：010-64518899
网　　址：http://www.cip.com.cn
凡购买本书，如有缺损质量问题，本社销售中心负责调换。

定　　价：29.80 元　　　　　　　　　　　版权所有　违者必究

编写人员名单

主　　编　顾志敏

副 主 编　李　飞　李喜莲

编写人员　顾志敏　李　飞　李喜莲

　　　　　贾永义

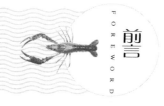

　　小龙虾，学名克氏原螯虾，原产于南美洲，由于其对环境的适应性较强，在池塘、河沟、湖泊、稻田等水域都可以繁殖与生长。小龙虾传入我国后，经过自然繁殖和人工养殖，已广泛分布于我国各类水域，尤以长江中、下游地区为多。经过我国水产科技工作者和养殖从业者多年的探索和实践，小龙虾现已成为我国水产养殖重要品种之一，也是我国淡水渔业出口创汇的重要产品之一。2015年小龙虾全国总产量达72.32万吨，这不仅丰富了老百姓的餐桌，也使其成为一个水产养殖的大产业，为农业增效、农民增收作出了重要贡献。

　　进入21世纪，尤其是我国加入WTO后，我国水产养殖业面临着新的发展机遇和挑战，国内外市场对水产品提出了更新更高的要求。食品安全和环境安全正倒逼水产养殖从单纯的"数量主导型"向"质量主导型"和"环境友好型"转型升级，因此，发展无公害水产养殖已成为大势所趋，小龙虾产业的发展当然也不例外。

　　本书正是从无公害的角度出发，通过总结我们多年从事小龙虾等淡水虾类养殖研究的成果与实践经验，对小龙虾的整个生产过程实行严格监管，介绍了如何进行小龙虾无公害养殖生产。即实行从池边(水域)到餐桌的全程监控，确保生产在良好生态环境条件下进行的同时，生产过程中的饲料、肥料、添加剂、药物等投入品符合国家相关规定，产品不受农药、重金属等有毒有害物质污染，或将其控制在安全允许范围内。本书编写过程中，综合参考了一些有关小龙虾的论文和书籍，在此对原作者表示感谢。本书内容简明扼要，可以作为养殖户的生产指导用书，也可以作为水产科研单位、渔业生产单位技术培训教材。

由于我们水平和时间有限，书中难免有疏漏之处，敬请读者指正。

编　者
2016 年 4 月

小龙虾
无公害安全生产技术

第一章 概述

附录

参考文献

第一章

概述

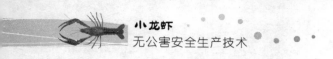
|第一节|
无公害水产品生产的定义与要求

进入 21 世纪，尤其是加入 WTO 后，我国水产养殖业面临着新的机遇和挑战。随着人们生活水平的提高，养殖业已由"数量主导型"向"质量主导型"和"环境友好型"转变，国际、国内已对食品安全予以高度重视，国内外市场均对水产品提出了更高更新的要求。因此，当前养殖业的发展已进入以质量效益、人类与环境和谐共存为方向的新时代，无公害水产品生产应该是我国水产养殖业发展的基本方向。

一、无公害水产品生产及无公害水产品的定义

无公害水产品生产是指对水产品的整个生产过程实行严格监管，即实行从池边（水域）到餐桌的全程监控，确保生产在良好的生态环境条件下进行的同时，生产过程中的饲料、肥料、添加剂、药物等投入品符合国家相关规定，产品不受农药、重金属等有毒有害物质污染，或将其控制在安全允许范围内。

无公害水产品是指经省级以上农业行业行政主管部门认证，并允许使用无公害水产品标志的未经加工或者初加工的水产品。其认证的主要内容为产品无污染，农药和重金属等均不超过国家规定的标准。与无公害产品（食品）相关联的是绿色食品和有机食品，这三类食品的关系就像一座金字塔，而无公害产品是塔基。

二、无公害水产品生产的基本要求

无公害水产品生产的具体实践体现在养殖生物学和生态学要求的认识以及养殖关键环节的控制与管理上，要尽量采用良好的养殖

模式和养殖工艺（水质监控、病害防治、科学投饵、保护环境等），既要发挥水产动物本身的遗传潜力，获得最佳的经济效益，也要协调好环境利用与保护的关系，达到可持续发展的目的。水产动物无公害生产的基本要求可以归结为三个方面：一是养殖出的产品是健康的，是安全食品；二是养殖环境必须符合养殖品种生长的要求，使水产动物在这种环境下取得好的生长效果；三是养殖不会对环境造成危害。无公害生产是一个系统工程，由生产与管理的各个环节构成，在这些环节的控制与管理上应做到以下几个方面。

（1）产地环境应是生态环境良好，没有直接受工业"三废"及农业、城镇生活、医疗废弃物污染的水域。养殖地区处于上风向，水源充足、水质良好，水质符合 GB 11607—1989 的规定。

（2）种苗生产与引进符合新《中华人民共和国渔业法》和农业部颁布的《水产苗种管理办法》的规定。用于繁殖的亲本质量符合相关标准，生产条件和设施符合水产苗种生产技术规程的要求。

（3）养殖饲料应当按照国务院颁布的《饲料和饲料添加剂管理条例》执行。无论单一饲料还是配合饲料，其质量均应符合《无公害食品　渔用配合饲料安全限量》标准和各种养殖种类配合饲料营养行业标准、地方标准。在饲料中添加矿物质、维生素等添加剂，应按《饲料和饲料添加剂管理条例》具体规定执行。使用药物添加剂的种类和用量应符合农业部《饲料药物添加剂使用规范》中的规定，不得选用国家规定禁止使用的药物，也不得在饲料中长期添加抗菌药物。

（4）药物的使用必须按照《无公害食品　渔用药物使用准则》的规定执行。严禁使用国家违禁药物。在无公害生产的病害防治中，应推广使用高效、无毒、低残留渔药，病害发生时对症下药，防止盲目用药和滥用药物。

第二节
小龙虾无公害安全生产的现实意义

由于小龙虾肉味鲜美，并适合多种方式烹调，已成为城乡居民餐桌上常见的美味佳肴，尤其在长三角地区小龙虾的消费量更是逐年攀高。目前，小龙虾的主要来源为人工养殖，但是由于水产养殖自身的生态结构和传统养殖方式的缺陷，使得大部分养殖存在着许多问题，如传统养殖方式虽可以通过增加养殖面积来增加养殖总量，但养殖效益已明显下降，水产品质量也会降低；养殖营养物的外排，化学药物的使用造成水体自身污染，环境恶化等。人们逐渐认识到了问题的严重性，开始探索新的养殖模式，研究新的养殖技术、方法等来减轻环境压力，维系水产养殖业的可持续发展，开展无公害小龙虾安全生产是目前较为可行的解决办法，它既有利于养殖产品的安全食用，也有益于保护生态环境，保障产业的可持续发展。具体体现在以下几个方面。

一是有利于保障养殖产品的优质安全。食品安全问题事关消费者的合法权益，并直接威胁着消费者的生命安全，发展小龙虾无公害安全生产有利于提高小龙虾产品的质量安全性，将对保障人们的身体健康起到积极的作用。

二是适应市场经济的需要。随着小龙虾养殖业的不断发展，小龙虾产品的质量安全问题日益突出，人们比以往更注重产品的质量和安全，这为无公害水产品的畅销创造了条件。因此，发展无公害小龙虾安全生产将拥有巨大的市场容量和发展潜力。

三是适应水产品国际贸易的需要。在国际贸易领域，各国对水产品卫生和质量监控越来越严格；水产品的农药残留、兽药残留和其他有毒有害物质的污染等问题，成为国际对我国出口水产品限制的主要理由。因此，发展无公害小龙虾安全生产有利于提高我国小龙虾产品的安全性和档次，提高我国水产品的国际竞争力。

四是有利于保护生态环境。小龙虾无公害生产技术注重减少化学药品、渔药和其他有毒有害物质的使用，崇尚生态健康养殖，减少了对水体的污染，从而有利于小龙虾养殖与环境保护的协调发展。

第三节
小龙虾的生物学特性

一、分类与分布

小龙虾，学名克氏原螯虾（*Procambarus clarkii*），在动物分类学上隶属节肢动物门、甲壳纲、十足目、螯虾科、原螯虾属。小龙虾是当今世界上最主要的淡水螯虾养殖种类之一，其产量占整个螯虾产量的 $70\%\sim80\%$。小龙虾原产于南美洲，最初只分布在墨西哥东北部和美国中南部，后来逐渐扩散到美国至少 15 个州，目前在非洲、亚洲、欧洲以及南美洲均有分布。小龙虾分布的扩展在一定程度上受气候因素的影响。例如，在欧洲气候温暖的地方（如葡萄牙、西班牙、法国等）小龙虾数量较多；而相对寒冷的地方（如荷兰、德国、意大利、瑞士等）小龙虾数量较少。并且在欧洲寒冷的地区，由于北欧一些大的湖泊里天敌较多，小龙虾更喜欢在小型水体里生活。

20 世纪二三十年代，小龙虾由日本传入我国的南京、滁县一带，因其自身生命力强、繁殖快，在我国由南到北都适宜它生存和发展，小龙虾在我国迅速扩展，逐渐扩展到北京、天津、河北、山西、河南、安徽、湖北、湖南、江西、上海、浙江、广东等地，成为我国自然水体的一个常见种，也是我国重要的水产资源。最近十多年来小龙虾种群发展很快，在部分湖泊和地区已成为当地的优势种群。目前小龙虾在我国北自辽宁，南抵广东、云南，东

起台湾，西达四川、甘肃均有分布，但是其主产区还是江苏、湖北、江西、安徽、浙江等长江中下游地区的江、河、湖泊、池塘等水体中。

二、形态特征

1. 外部形态

小龙虾体表披一层尖硬的几丁质外壳，体长而扁，分为头胸部、腹部和尾部。头胸部稍大，呈圆筒状。根据头胸甲所对应的器官，可把它分为额区、眼区、胃区、肝区、心区、触角区、颊区和鳃区。头胸甲前部是圆尖形，头前端两侧有一对大的复眼，通过眼柄与头部相连，可以转动，眼柄下是触觉腺。腹部与头胸部相接，腹部向后稍渐小，呈扁形，尾部由三叶片（左右上排列）构成扇形。头部前2对附肢演变成触角，分别为第1触角（小触角）、第2触角（大触角），均为双肢型，第3对为大颚，第4、第5对为第1、第2小颚，因后3对是口器的主要部分，所以称为口肢。胸肢的前3对是颚足，协助头部的3对口肢摄食。胸部的后5对为步足，其第1对步足具螯，为螯足。雄性的螯比雌性的螯更为发达。雄虾的第1螯足较大，具鲜艳的颜色、膨大，且螯足的前端外侧有一明亮的红色软疣。雌虾螯足较小，大部分没有红色软疣，仅小部分有，但小且颜色较淡。螯足是摄食和防御的工具，后4对步足司运动功能，用于爬行。腹部具有6对附肢，前5对是腹足，助于行动，均属游泳器官。第6对附肢与尾节构成尾扇，具有使身体升降和向后弹跳进行快速运动的功能。雌虾在抱卵期和孵化期间，尾扇均向内弯曲，爬行或受到敌害攻击时，以保护受精卵或幼虾免受伤害（彩图1～彩图5）。小龙虾附肢的结构与功能见表1-1。

2. 内部结构

小龙虾属节肢动物门，体内无脊椎，体内分为消化系统、呼吸系统、循环系统、排泄系统、神经系统、生殖系统、肌肉运动系统和内分泌系统八大部分（图1-1）。

表 1-1　小龙虾附肢的结构与功能

体节		附肢名称	结构/分节数			功能
			原肢	内肢	外肢	
头部	1	小触角	基部有平衡囊/3	连接成短触须	连接成短触须	嗅觉、触觉、平衡
	2	大触角	基部有腺体/2	连接成长触须	宽薄的叶片状	嗅觉、触觉
	3	大颚	内缘有锯齿/2	末端形成触须/2	退化	咀嚼食物
	4	第一小颚	薄片状/2	很小/1	退化	摄食
	5	第二小颚	两裂片状/2	末端较尖/1	长片状/1	摄食、激动鳃室水流
胸部	6	第一颚足	片状/2	小而窄/2	非常细小/2	感觉、摄食
	7	第二颚足	短小、有鳃/2	短而粗/5	细长/2	感觉、摄食
	8	第三颚足	有鳃、愈合/2	长、粗而发达/5	细长/2	感觉、摄食
	9	第一胸足	基部有鳃/2	粗大、呈螯状/5	退化	攻击和防卫
	10	第二胸足	基部有鳃/2	细小、呈钳状/5	退化	摄食、运动、清洗
	11	第三胸足	基部有鳃,雌虾基部有生殖孔/2	细小呈钳状,成熟雌性有刺钩/5	退化	摄食、运动、清洗
	12	第四胸足	基部有鳃/2	细小呈爪状,成熟雌性有刺钩/5	退化	运动、清洗
	13	第五胸足	基部有鳃,雄性基部有生殖孔/2	细小/5	退化	运动、清洗
腹部	14	第一腹足	雌性退化,雄性演变成钙质的交接器			雄性输送精液、辅助第一腹足;雌性有激动水流、抱卵和幼体的功能
	15	第二腹足	雄性联合成圆锥形管状交接器		雌性连接成丝状体	
			雌性短小/2	雌性呈分节的丝状体		
	16	第三腹足	短小/2	分节的丝状体	丝状	激动水流,雌性还有抱卵和幼体的功能
	17	第四腹足	短小/2	分节的丝状体	丝状	激动水流,雌性还有抱卵和幼体的功能
	18	第五腹足	短小	分节的丝状体	丝状	激动水流,雌性还有抱卵和幼体的功能
	19	第六腹足	短而宽/1	椭圆形片状/1	椭圆形片状/1	游泳,雌性还有保护卵的功能

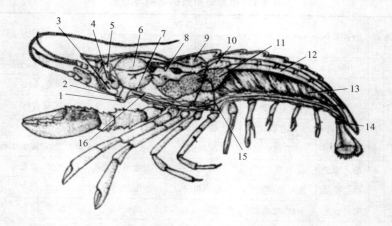

图 1-1　小龙虾的内部结构模式图

1—口；2—食管；3—排泄管；4—膀胱；5—绿腺；

6—胃；7—神经节；8—幽门胃；9—心脏；10—肝胰脏；

11—性腺；12—肠；13—肌肉；14—肛门；

15—输精管；16—神经

（1）消化系统　小龙虾的消化系统包括口、食管、胃、肠、肝胰脏、直肠、肛门。口开于两大颚之间，后接食管。食管为一短管，后接胃。胃分为贲门胃和幽门胃，贲门胃的胃壁上有钙质齿组成的胃磨，幽门胃的内壁上有许多刚毛。胃囊内、胃外两侧各有一个白色或淡黄色、半圆形、纽扣状的钙质磨石，蜕壳前期和蜕壳期较大，蜕壳间期较小，起着钙质调节作用。胃后是肠，肠的前段两侧各有一个黄色的、分支状的肝胰脏，肝胰脏有肝管与肠相通。肠的后段细长，位于腹部的背面，其末端为球形的直肠，通肛门。肛门开口于尾节的腹面（彩图6）。

（2）呼吸系统　小龙虾的呼吸系统共有鳃17对，在鳃腔内。其中，7对鳃较粗大，与后2对颚足和5对胸足的基部相连。鳃为三棱形，每棱密布排列许多细小的鳃丝；其他10对鳃细小，薄片状，与鳃壁相连。小龙虾呼吸时，颚足激动水流进入鳃腔，水流经过鳃丝完成气体交换（彩图6）。

（3）循环系统　小龙虾的循环系统包括心脏、血液和血管，是一种开管式循环。心脏在头胸部背面的围心窦中，为半透明、多角形的肌肉囊，有3对心孔，心孔内有防止血液倒流的膜瓣。血管细小、透明。由心脏前行有动脉血管5条，由心脏后行有腹上动脉1条，由心脏下行有胸动脉2条。血液即为体液，是一种透明、非红色的液体。

（4）排泄系统　在头部大触角基部内部有1对绿色腺体，腺体后有一膀胱，由排泄管通向大触角基部，并开口于体外（彩图7）。

（5）神经系统　小龙虾的神经系统包括神经节、神经和神经索。神经节主要有脑神经节、食管下神经节等，神经则是连接神经节通向全身。现代研究证实，小龙虾的脑神经干及神经节能够分泌多种神经激素，这些神经激素调控小龙虾的生长、蜕皮及生殖生理过程（彩图8）。

（6）生殖系统　小龙虾雌、雄异体。雄性生殖系统包括精巢1对、输精管1对及位于第5胸足基部的1对生殖突；雌性生殖系统包括卵巢1对、输卵管1对，输卵管通向第3对胸足基部的生殖孔。雄性小龙虾的交接器（第1对腹足、第2对腹足）及雌性小龙虾的储精囊虽不属于生殖系统，但在小龙虾的生殖过程中起着非常重要的作用。

（7）肌肉运动系统　小龙虾的肌肉运动系统由肌肉和甲壳组成。甲壳又称为外骨骼，起支撑作用，在肌肉的牵动下起着运动的功能。

（8）内分泌系统　目前在许多资料中没有提及小龙虾有内分泌系统，实际上小龙虾是存在内分泌系统的，只不过它的许多内分泌腺往往与其他结构组合在一起。如上面提到的与脑神经节结合在一起的细胞，能合成和分泌神经激素；小龙虾的眼柄，具有激素分泌细胞，分泌多种调控小龙虾蜕皮和性腺发育的激素；小龙虾的大颚器，能合成一种化学物质——甲基法尼酯（MF），这种物质调控小龙虾精卵细胞蛋白质的合成和性腺的发育。

三、生活习性

小龙虾对环境的适应能力很强，在湖泊、河流、池塘、河沟、水田均能生存，喜栖息于水草、树枝、石隙等隐蔽物中，其栖息地通常随季节的变化而出现季节性的移动现象。有些个体甚至可以忍受长达4个月的干旱环境，但缺水会引起小龙虾种群规模的显著下降。小龙虾耐低氧和氨氮，pH值在5.8～9的范围内，溶解氧低于1.5毫克/升时仍能正常生存，在氨氮为2.0～5.0毫克/升时，对其生长无明显影响，但氨氮过高会使其生长受到抑制，甚至造成大量死亡。清新的水质有助于小龙虾的生长。在水质恶化、缺氧的情况下，小龙虾可以爬上岸直接利用空气中的氧。在繁殖季节，雄虾可以在陆地上连续几天进行十多公里的迁移。小龙虾喜欢中性和偏碱性的水体，pH值在7～9时最适合其生长和繁殖。适宜小龙虾生长的水温为20～32℃。其耐受性较强，能在40℃的高温及−15℃的低温下存活，在珠江流域、长江流域和淮河流域均能自然越冬。水体温度在33℃以上或15℃以下时，小龙虾进入不摄食或半摄食的打洞状态；当水温下降到10℃以下时，小龙虾进入不摄食的越冬状态。

罗静波等研究了亚硝酸盐和氨氮对小龙虾的急性毒性效应，结果表明：亚硝酸盐对小龙虾仔虾24小时、48小时、72小时、96小时半致死浓度分别为28.69毫克/升、22.69毫克/升、18.92毫克/升、15.19毫克/升，安全浓度为1.52毫克/升；在pH值7.8、水温20℃条件下氨氮对小龙虾幼虾24小时、48小时、72小时、96小时的半致死浓度分别为167.54毫克/升、121.48毫克/升、96.96毫克/升、79.4毫克/升，非离子氨对小龙虾幼虾24小时、48小时、72小时、96小时的半致死浓度分别为4.04毫克/升、2.93毫克/升、2.34毫克/升、1.91毫克/升，安全浓度为0.191毫克/升。

小龙虾对重金属、某些农药（如敌百虫、菊酯类杀虫剂）非常敏感，同时对某些重金属有富集作用，因此养殖水体应符合国家颁布的渔业水质标准和无公害食品淡水水质标准，严禁使用有毒、有害和对环境有危害的化学药品、添加剂。如用地下水养殖小龙虾，必须先对地下水进行检测，以免重金属含量过高，影响小龙虾的生长发育和产品质量安全。使用农药和化学药品一定要考虑药品残留问题，要按照国家无公害养殖标准的要求开展养殖，并适时进行检测。小龙虾为夜行性动物，营底栖爬行生活。白天常潜伏在水体底部光线较暗的角落、石块旁、草丛或洞穴中，夜晚出来摄食。在自然情况下，由于缺少饵料和水体透明度较低，白天也见其觅食。小龙虾有较强的攀缘和迁徙能力，在水体缺氧、缺饵、污染及其他生物、理化因子发生骤然变化而不适的情况下，常常爬出水面进入另一水体。如下雨特别是下大雨时，小龙虾常爬出水体外活动，从一个水体迁徙到另一个水体。小龙虾喜逆水，常常逆水上溯，且逆水上溯的能力很强。小龙虾掘洞能力较强，在无石块、杂草及洞穴可供躲藏的水体，小龙虾常在堤岸处掘穴。洞穴的深浅、走向，与水体水位的波动、堤岸的土质及小龙虾的生活周期有关。在水位升降幅度较大的水体和小龙虾的繁殖期，所掘洞穴较深；在水位稳定的水体和小龙虾的越冬期，所掘洞穴较浅；在生长期，小龙虾基本不掘洞。小龙虾洞穴最长的可达100厘米，直径可达9.2厘米。小龙虾能利用人工洞穴和水体内原有的洞穴及其他隐蔽物作为其洞穴（彩图9），其掘穴行为多出现在繁殖期，因而在养殖池中适当增放人工巢穴，并加以技术措施，能大大减轻小龙虾对池埂、堤岸的破坏。

四、食性

小龙虾的食性很杂，植物性饵料和动物性饵料均可食用，各种鲜嫩的水草、水体中的底栖动物、软体动物、大型浮游动物、各种龟虾的尸体及同类尸体都是小龙虾喜食的饲料，对人工投喂的各种植物、动物下脚料及人工配合饲料也喜食。在生长旺季，在池塘下风处浮游植物很多的水面，能观察到小龙虾将口器置于水平面处用两只大螯不停划动水流将水面藻类送入口中的现象，表明小龙虾甚

至能够利用水中的藻类。小龙虾的食性在不同的发育阶段稍有差异。刚孵出的幼虾以其自身存留的卵黄为营养，之后不久便摄食轮虫等小型浮游动物。随着个体不断增大，摄食较大的浮游动物、底栖动物和植物碎屑。成虾兼食动植物饵料，主食植物碎屑、动物尸体，也摄食水蚯蚓、摇蚊幼虫、小型甲壳类及一些水生昆虫。

小龙虾摄食方式是用螯足捕获大型食物，撕碎后再送给第2、第3步足抱食。小型食物则直接用第2、第3步足抱住啃食。小龙虾猎取食物后，常常会迅速躲藏或用螯足保护，以防其他虾类来抢食。

小龙虾的摄食能力很强，且具有贪食、争食的习性，饲料不足或群体过大时，会有相互残杀的现象，尤其会出现硬壳虾残杀并吞食软壳虾的现象。小龙虾摄食多在傍晚或黎明，尤以黄昏为多。在人工养殖条件下，经过一定的驯化，白天也会出来觅食。小龙虾耐饥饿能力很强，十几天不进食仍能正常生活。小龙虾摄食强度在适温范围内随水温的升高而增加。摄食的最适水温为25～30℃，水温低于8℃或超过35℃时，摄食明显减少，甚至不摄食。

在20～25℃条件下，小龙虾摄食的马来眼子菜每昼夜可达体重的3.2%，摄食竹叶菜可达2.6%，摄食水花生达1.1%，摄食豆饼达1.2%，摄食人工配合饲料达2.8%，摄食鱼肉达4.9%，而摄食丝蚯蚓高达14.8%，可见小龙虾是以动物性饲料为主的杂食性动物。天然水体中，其主要食物有高等水生植物、丝状藻类、植物种子、底栖动物、贝类、小鱼、沉水昆虫及有机碎屑。由于小龙虾游泳能力较差，在自然条件下对动物性饲料捕获的机会少，所以在食物组成中植物性食物占98%以上。

五、蜕壳与生长

小龙虾是通过蜕壳来实现体重和体长的生长，在蜕皮后，虾体迅速吸收水分，可达体重的20%～80%，每蜕皮一次，体长和体重均有一次飞跃式增加，蜕壳后，新的体壳于12～24小时后即硬化。小龙虾的蜕壳与水温、营养及个体发育阶段密切相关。小龙虾的蜕壳多发生在夜晚，人工养殖条件下，有时白天也可见其蜕壳，但较为少见。根据小龙虾的活动及摄食情况，其蜕壳周期可分为蜕壳间期、蜕壳前期、蜕壳期和蜕壳后期四个阶段。蜕壳间期是小龙虾为生长积累营养物质的阶段，这一阶段摄食旺盛，甲壳逐渐变硬。蜕壳前期从小龙虾停止摄食起至开始蜕壳止，这一阶段是小龙虾为蜕壳做准备。虾停止摄食，甲壳里的钙向体内的钙石转移，体内的钙石变大，甲壳变薄、变软，并且与内皮质层分离。蜕壳期是从小龙虾侧卧蜕壳开始至甲壳完全蜕掉为止。这个阶段持续时间从几分钟至十几分钟不等，笔者观察到的大多数在5～10分钟，时间过长，则小龙虾容易死亡。蜕壳后期是从小龙虾蜕壳后至开始摄食止，这个阶段是小龙虾的甲壳由皮质层向甲壳演变的过程。水分从皮质进入体内，身体变大、增重；体内钙石的钙向皮质层转移，皮质层变硬、变厚，成为甲壳，体内钙石最后变得很小。

小龙虾的个体增长在外形上并不连续，呈阶梯形，每蜕一次皮，体重呈几何增长。幼虾脱离母体后，很快进入第1次蜕皮，蜕皮周期随着个体增大而逐渐延长，在幼体阶段，每隔2～3天便蜕皮1次，幼虾阶段每隔5～7天蜕皮1次，成虾阶段每隔10天左右蜕皮1次。小龙虾从幼体阶段到商品虾养成需要蜕皮20次以上。在自然生态条件下，小龙虾生长1周年左右，体长可达到8.1厘米，即全长9.9厘米，体重达到37.5克。养殖试验表明，在人工条件下，小龙虾生长1周年，体长达到8.5厘米，即全长10.2厘米，体重达到45克以上。

六、繁殖习性

1. 性成熟年龄

通过周年采样分析，小龙虾的性成熟年龄为1年左右。雌虾最小体长为6.4厘米，最小体重为10克；雄虾最小体长为7.1厘米，最小体重为20克。

2. 繁殖产卵时期

小龙虾的繁殖产卵期为每年的7～10月，高峰期为8～9月，

10月底以后抱卵的虾由于水温逐步降低，受精卵一直延续到翌年春季才孵化。试验证明，水温在5~10℃时，雌虾所抱受精卵需3个月以上才能孵化，这就是在每年春季看见有抱卵虾和抱仔虾现象的原因。

3. 群体性比

通过对1周年共1200尾小龙虾进行性比分析，结果为雌虾579尾、雄虾621尾，雌雄比为1:1.073。在繁殖季节（7~10月），从小龙虾的洞穴中挖掘出的虾的数量得知，雌雄性比为1:1。但从越冬的洞穴中挖掘出的雌雄虾的比例很少有1:1的，而且各个洞穴的雌雄比不一样，有的洞穴中雌虾多，雄虾少；有的洞穴刚好相反。

4. 雌雄交配

（1）交配时间 小龙虾的交配时间随着虾群密度的高低和水温的高低而长短不一，短的只有几分钟，长的则有一个多小时。在密度比较大时，小龙虾交配的时间较短，一般为30分钟；在密度比较小时，小龙虾交配的时间相对较长，交配时间最长达72分钟。交配的最低水温为18℃。1尾雄虾可先后与2尾及2尾以上的雌虾进行交配。

（2）交配季节 小龙虾在自然条件下，5~9月为交配季节，其中以6~8月为高峰期。小龙虾不是一交配后就产卵，而是交配后，要等相当长一段时间（7~30天）才产卵。在人工放养的水族箱中，成熟的小龙虾只要是在水温合适的情况下都会交配，但发现产卵的虾较少，产卵时间较晚。

（3）交配行为 有交配欲望的雄虾先接近雌虾，并用螯接触雌虾，如果雌虾没有反抗，则雄虾就找机会接近雌虾，并趁机用发达的螯钳夹住雌虾的螯，将雌虾翻转，并迅速用胸肢将雌虾抱住，同时用尾部抵住雌虾的尾部，从而让雌虾的腹部伸直，以便让雄虾的交接器更好地接触雌虾的生殖孔。在交配过程中，雄虾和雌虾是平躺着的，但雄虾稍在上面。雄虾在交配的时候表现得很活跃，触须在不停地摆动，同时用腹肢不停地有节奏地抚摸雌虾的腹部；而雌虾则表现得很平静，触须和腹肢都未见有摆动。当周围环境有变动时（如有敌害或同类虾干扰），雌虾就会表现不安，同时弯曲腹部，反抗雄虾，当环境重新恢复平静时，雌虾也会恢复安静。当交配快要结束时，雌虾就会断断续续地弯曲腹部，以反抗雄虾，而雄虾则不断地用尾部抵住雌虾尾部以制止雌虾的反抗，当雌虾反抗剧烈时，雄虾就松开螯钳。当然，有完整螯钳的小龙虾能更好地完成交配行为，而断了一只螯钳的雄虾和断了同样一边螯钳的雌虾也能完成交配行为，但交配过程较有完整螯钳的虾困难。没有螯钳的虾也能交配，但交配过程用胸肢来完成，完成的过程较前两种困难。这说明，小龙虾的螯钳在交配行为中扮演着十分重要的角色。

5. 受精卵的孵化和幼体发育

雌虾刚产出的卵为暗褐色，卵径约 1.6 毫米。在 24～26℃ 水温条件下，受精卵孵化 14～15 天，破膜成为幼体；在 20～22℃ 水温条件下，受精卵的孵化需 20～25 天。如果水温太低，受精卵的孵化可能需数月之久。这就是在翌年的 3～5 月仍可见到抱卵虾的原因。有些人在 5 月观察到抱卵虾，就据此认为小龙虾是春季产卵或 1 年产卵 2 次，这是错误的。刚孵化出的幼体长 5～6 毫米，靠卵黄营养，几天后蜕壳发育成 II 期幼体。II 期幼体长 6～7 毫米，附肢发育较好，额角弯曲在两眼之间，其形状与成虾相似。II 期幼体附着在母体腹部，能摄食母体呼吸水流带来的微生物和浮游生物，离开母体后仅能微弱行动，只能短距离地游回母体腹部。在 I 期幼体和 II 期幼体时期，若此时惊扰雌虾，会造成雌虾与幼虾分离较远，幼虾不能游回到雌虾腹部而死亡。II 期幼虾几天后蜕壳发育成仔虾，全长 9～10 毫米。此时仔虾仍附着在母体腹部，形状几乎与成虾完全一致，仔虾对母体也有很大的依赖性，随母体离开洞穴进入开放水体，成为幼虾。在 24～28℃ 的水温条件下，小龙虾幼虾发育阶段需 12～15 天。吕建林、龚世园等研究了小龙虾的胚胎发育过程，认为：受精卵的颜色变化过程为棕色→棕色中夹杂着黄

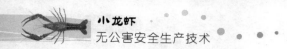

色→黄色中夹杂着黑色→黑色；胚胎发育过程共分 12 期，即受精卵、卵裂期、囊胚期、原肠前期、出现半圆形内胚层沟、出现圆形内胚层沟、原肠后期、无节幼体前期、无节幼体后期、前溞状幼体期、溞状幼体期和后溞状幼体期；9 月时，整个孵化期间的水温为 19～30℃，平均水温为 25.8℃，胚胎发育时间为 17～20 天，而在 11 月时，孵化期间的水温为 4～10℃，平均水温为 5.2℃，胚胎发育时间为 90～100 天。

第四节
国内外小龙虾研究概况

一、交配产卵方面研究

Ameyaw-akumfi 等证实了性信息素（sex pherone）的存在，并用触角电生理方法证明了雄虾能通过嗅觉识别雌虾。雄虾和雄虾放在一起表现的是进攻行为；雌虾和雌虾在一起也是进攻行为，只有雄虾和雌虾在一起才表现出交配行为。

对于小龙虾产卵类型，学者的观点不一。有的学者认为小龙虾 1 年可多次产卵，也有学者认为小龙虾 1 年有 1 次产卵高峰期。Oscar 等认为小龙虾的卵巢是同步成熟，在小龙虾原产地美国南部的路易斯安那州，其交配时间是 5～6 月，主要在 8～11 月产卵，繁殖高峰在 10 月，而在位于热带地区的肯尼亚的 Naivasha 湖则可常年产卵。在我国，认为小龙虾 1 年有 1 次产卵高峰期的学者，对其产卵高峰的时间也众说纷纭。有的认为每年的 5～6 月为小龙虾交配、产卵的高峰期，有的认为小龙虾产卵期为 5～9 月；有的认为 6～7 月为其交配、产卵的高峰期；有的认为每年的 8～12 月为小龙虾的产卵期；还有学者认为，在自然条件下小龙虾产卵主要集中在秋冬季。有的学者认为小龙虾1年有2个产卵期。魏青山认为小龙虾产卵期一般在10月，4～5月也可见少数产卵个体。董卫军等认为小龙虾有2个产卵期：一为9月下旬至10月中旬；二为5月左右。这些差异可能是因为小龙虾的繁殖与温度的关系非常密切，各地气候条件的差异造成了小龙虾的产卵时间的不同，在野生状态下，小龙虾的产卵是由季节决定的。

二、性腺发育与繁殖技术研究

陈金民等研究了组织脂肪含量及脂肪酸组成在小龙虾卵巢发育过程中的变化，发现在小龙虾卵巢发育过程中肝胰腺中脂肪有转运到卵巢的可能，在卵巢发育后期各营养物质按一定比例积累，相比于高不饱和脂肪酸，$C18:2n-6$可能在小龙虾卵巢发育及胚胎发育过程中的作用更加重要。赵维信等研究小龙虾卵黄发生过程中卵巢和大颚器的孕酮含量变化，认为随着卵巢的成熟和产卵，卵巢中的孕酮含量逐渐下降，推测孕酮与卵黄发生的启动有关。Rachakonda等研究表明，蛋氨酸-脑啡肽和纳洛酮对小龙虾体内的胸神经中枢作用，调节释放GSH，促进卵巢的发育。Rachakonda、Sarojim等研究萘与小龙虾卵巢发育之间的关系时发现，用10克/米^{3}的萘浸泡了15天的雌虾卵巢中的卵黄前期和卵黄期存在退化，但对于浸泡的未成熟的雌虾再返回清水中时，其卵巢发育会继续。Antonio报道，通过摘除小龙虾眼柄的方法可以很好地促进其卵巢的发育。殷海成用烧烫挤压法切除雌性小龙虾单侧、双侧眼柄，证明了切除眼柄后加快了小龙虾卵巢成熟，并且性腺发育是双侧组＞单侧组＞对照组。强晓刚通过切除单侧、双侧眼柄加快小龙虾卵巢成熟，其中切除双侧眼柄优于切除单侧眼柄，对照组最低。切除眼柄也能促进小龙虾提早产卵。徐加元等探讨了水温、光周期对小龙虾雌虾成活和性腺发育的影响，发现两者均在不同程度上影响到雌虾性腺发育及其成活率，并且水温对雌虾性腺发育的影响程度要高于光周期，同时还发现纯草鱼肉投喂小龙虾亲虾比植物性饲料更能促进其性腺发育。强晓刚进行了光照对小龙虾性腺发育影响的实验，研究发现光照一定程度上能够促进雌虾的性腺发育。李铭等研究了维生素 E 对小龙虾生殖的影响，发现添加适量的维生素 E 可显著促进小龙虾雌虾的繁殖力。

小龙虾在繁殖季节，洞穴数量明显比其他季节多，掘洞强度增大。杨东辉等证实小龙虾在既无法打洞又没有人工洞穴栖息的环境下，繁殖力相当低下，具备良好的土质洞穴环境可明显地提高小龙虾的繁殖力。唐建清等用玻璃标本瓶、易拉罐、塑料瓶、木筒等筒状物进行了人工模拟洞穴实验，得出了小龙虾更适应穴长较长、避光、透气的人工洞穴产卵繁殖。董卫军等试验缸底放置塑料管，以供亲虾繁殖产卵用。而宋光同等认为在玻璃缸、水泥池等无土水体中，小龙虾可以正常产卵、抱卵、孵化虾苗，小龙虾工厂化繁殖是可行的。舒新亚等进行了人工诱导小龙虾同步产卵试验，通过"控制光照，控制水温，控制水位，改善水质，加强投喂"的"五位一体"的人工诱导法，使小龙虾雌虾在 36 天的时间里抱卵率为 69.0%～93%，平均抱卵率为 81%。未采取人工诱导的对照组，抱卵率只有 24.4%～42%，平均抱卵率为 30.6%。

三、胚胎发育研究

慕峰等对小龙虾胚胎发育过程中的形态学变化和发育时间进行了系统的研究，将小龙虾的胚胎发育过程分为 9 个主要阶段：受精卵、卵裂期、囊胚期、原肠期、前无节幼体期、后无节幼体期、复眼色素期、预备孵化期和孵化期。朱玉芳等进行了小龙虾抱卵与非抱卵孵化的比较研究。研究表明：从卵、幼虾在两种情况下呈现的孵化、生长差异来看，抱卵虾的孵化率远高于非抱卵虾，抱卵虾的生长快于非抱卵虾。温度是影响水生动物胚胎发育的重要生态因子。日本学者 Tetsuya Suko 对小龙虾受精卵的孵化进行了研究，提出在 7℃水温条件下，受精卵的孵化约需 150 天；在 15℃水温条件下，受精卵的孵化约需 46 天；在 22℃水温条件下，受精卵的孵化约需 19 天。李庭古等研究发现，在 17～32℃水温范围内，水温越高，受精卵孵化的时间越短。但在水温低于 22℃或高于 32℃时，受精卵死亡脱落严重，孵化率低，只有在 24～30℃ 水温条件下受精卵死亡脱落的数量很少，孵化率最高，所用时间也相对较短。此外，即使是同一水温组的亲虾，受精卵的孵化情况也不尽相同。个体大的较个体小的抱卵量大，而且在孵化过程中受精卵的死亡率也低。这可能由于个体大且壮实的亲虾适应力和免疫力都比个体小的亲虾强。董卫军等认为水温 22～25℃ 时，小龙虾胚胎发育的时间为 25～33 天；慕峰等认为水温 26℃ 的条件下，整个胚胎发育过程需 15 天左右；韩晓磊等认为在一定温度范围内（20～30℃），温度越高，孵化时间越短。吕佳等对小龙虾受精卵发育的温度因子进行了数学模型分析，认为受精卵孵化的最低有效积温和平均有效积温分别为 731 度日和 765 度日。吕建林等在自然条件下研究了小龙虾受精卵孵化与温度之间的关系，发现 9 月产出的黏附在小龙虾母体上的受精卵在自然条件下的孵化时间为 17～20 天，孵化所需要的有效积温为 453～516 度日。在此期间，最低水温为 19℃，最高水温 30℃，平均水温为 25.8℃。

四、小龙虾生长与养殖技术研究

水温是水生动物在水中生存的一个重要因子。Espina 等报道，小龙虾生长适宜水温为 20～30℃，最适温度为 23.4℃，当温度低于 20℃ 或高于 32℃ 时，生长率下降，水温 15℃ 以下时幼体成活率极低，且昼夜温差不能过大，仔虾幼虾昼夜温差不要超过 3℃，成虾不要超过 5℃。李铭等对小龙虾幼虾研究表明，在适当的低温条件下，小龙虾幼体生长比较缓慢，但其成活率较高。在一定范围内，提高温度可明显促进幼虾的生长，而死亡率也随着温度的升高而升高。为了保证高的生长速度和较低的死亡率，25℃ 左右是比较适合其生长发育的温度。韩晓晶等的研究表明，在一定温度范围内（10～30℃），培养温度越高，小龙虾幼虾的体长和体重增加越快。Aiken 指出，光照周期通过影响蜕皮抑制激素（MIH）的合成和释放而影响甲壳动物的蜕皮。Oscar 研究光周期对小龙虾幼体生长表明，光周期对同年不同月孵出的幼体的体长都有影响，光照时间和黑暗时间比为 12 小时：12 小时时幼体生长最好。岳彩锋等研究了光照周期、钙离子浓度及 pH 值对小龙虾幼体生长的影响，认为小龙虾幼体体重增长的最优因子水平组合为光周期 16L：8D、钙离子浓度 65.5 毫克/升、pH 值 7.8。Pedro 等发现，小龙虾第 1 龄幼体发育最消耗能量，所以小龙虾所摄食物的能量很重要。小龙虾孵化出膜后，如果能够得到适口的且营养丰富的饲料，其生长速度会很快。直接投喂熟蛋黄、豆浆等可及时补充小龙虾幼体的营养需求。Jover 研究小龙虾幼体发育所需能量时表明，最佳营养水平为22％～26％的粗蛋白质、6％的脂质、36％～41％的糖类。此外，由于幼体还比较稚嫩及小龙虾自身的攻击性，除水环境及食物直接影响幼体的生长和存活外，不同的遮蔽物对幼体体重的增长亦有显著性影响。

殷海成用去除眼柄的方法，使小龙虾蜕皮加快，蜕皮周期缩短，生长速度同比例增长。邓梦颖等研究认为，养殖密度的增大总体来说不利于小龙虾幼虾的生长和摄食。在饲料利用方面，饵料转化率在各养殖密度组之间无明显差异；蛋白质特定生长率、脂肪特定生长率和脂肪储积率随养殖密度增大呈减小趋势，蛋白质储积率呈增大趋势。陈婷等研究认为，不同庇护所环境对小龙虾存活、摄食和生长影响显著。洞穴遮蔽程度最大，能提供最大程度的保护，小龙虾多藏匿在洞中，觅食和打斗行为较少，其采取的生存策略为更利于存活的相对保守型。角落的遮蔽程度较小，其觅食和打斗行为都较多，其采取的生存策略则为更利于生长的相对冒险型。在人工养殖小龙虾时，唐建清等研究发现，有人工洞穴的小龙虾存活率为 92.8％，无人工洞穴的对照存活率仅为 14.5％，差异极显著。主要原因是小龙虾领域性很强，当多个拥挤在一起的小龙虾进入彼此领域内时就会发生打斗，造成伤亡。虽然小龙虾对水质要求不高，无需经常换水，但潘志远和涂桂萍根据试验发现，要取得高产，同时保证商品虾的优质，必须经常冲水和换水。流水可刺激小龙虾蜕壳，加快生长；换水可减少水中悬浮物，使水质清新，保持丰富的溶解氧。在这种条件下生长的小龙虾个体饱满，背甲光泽度强，腹部无污物，因而价格较高。所以冲水和换水是养殖小龙虾取得高产的必备条件。

关于小龙虾的食性，国内外展开了大量研究。在自然水体中，Andrew 等认为小龙虾主要以绿色植物为食。Carlos 证明了小龙虾是大型水生植物的高效摄食者。Paloma 等研究表明，小龙虾食谱中主要成分是植物，其后依次是无定型组织的物质和沙子；其胃中的食物种类多样性与食物的可得性有关且带有明显的季节特征，春天比冬天消耗的动物性食物要多得多。在稻田中由于小龙虾的密度比较高，同类蚕食现象比较严重，小龙虾能够以水生植物为生，或者以植物碎屑和相关的微生物为食。Correia 报道，稻田中小龙虾的胃中频繁出现碎屑和植物，但水生动物所占的分量最大，水生动物的种类和数量都呈现出季节性变化。未成熟个体和成熟个体更趋向草食性，而稚虾却更趋向捕食性。而其对大型无脊椎动物的选择可能与它们的易得程度有关。Hofkin 等实验发现，小龙虾是蜗牛的活跃捕食者。Ilhéu 和 Bernardo 认为，小龙虾的成虾喜欢选择动物性食物，只有当捕食效率降低时，它们才转变成植物性或者杂食性；当植物不易得到时，动物性食物可以占到食物的 85%；如没有动物性饵料存在，小龙虾会吃植物或植物碎屑，不过会优先选择植物性物质。但丽等认为，小龙虾能适应多种环境，其食物组成随栖息地食物丰度而发生改变，丰度高的食物是其主要摄食来源。尽管小龙虾可以高效地利用植物性饵料，特别是成虾，但是稚虾单以一种植物性饵料为食会生长缓慢，这可能是由于可消化蛋白质的不足而引起的。McClain 等证明，小龙虾的食物中蛋白质的质量越高，消化效率越大。何金星等认为，对于小龙虾动物性蛋白质和纤维素的营养意义大于淀粉。在人工养殖的条件下，食物中含有大约 30% 的蛋白质和 2.5 千卡的能量要比含更多的蛋白质（40%）而缺乏能量的饲料效果好。王桂芹等研究认为，在其试验条件下，促进小龙虾生长和蛋白质代谢的适宜蛋能比为 16.63～17.59 克/兆焦。

在人工养殖情况下，幼虾可投喂丰年虫无节幼体、螺旋藻粉等，成虾养殖可直接投喂绞碎的米糠、豆饼、麸皮、杂鱼、螺蚌肉、蚕蛹、蚯蚓、屠宰场下脚料或配合饲料等，保持饲料蛋白质含量在 25% 左右；其次，在养殖小龙虾时种植水草可以大大节约养殖成本。水草是小龙虾不可缺少的营养源。已知水草的茎叶中往往富含维生素 C、维生素 E、维生素 D 等，这些可以补充投喂谷物和劣质配合饲料时多种维生素的不足。此外，水草中还含有丰富的钙、磷和多种微量元素，其中钙的含量尤其突出。水草中通常含有 1% 左右的粗纤维，有助于小龙虾对多种食物的消化和吸收。唐宁等研究认为，饲料中添加复方中药可显著缩短虾的蜕壳周期，降低蜕壳死亡率和非蜕壳死亡率。陈勇等研究发现，饲料形状对小龙虾的摄食率和相对生长率均有显著影响，棱柱形饲料的摄食率和相对生长率均最高。

小龙虾的摄食具有明显的节律性。周文宗、赵凤兰研究了在 <100 勒克斯的弱光条件下雌、雄小龙虾的摄食规律。研究表明，小龙虾具有明显的摄食节律（$P < 0.01$），并且不受性别影响（$P > 0.05$）。小龙虾在 18:00～19:00 时摄食量最高（$P < 0.05$）；其次为 19:00～20:00 和 14:00～15:00 时（$P < 0.05$）；小龙虾在其他时段摄食较少。但小龙虾摄食无明显的昼夜节律。而但丽等研究认为，小龙虾摄食活动具有明显的昼夜节律，晚间摄食活动明显多于白天。小龙虾耗氧率昼夜变化规律非常明显，成虾夜间 12 小时的耗氧率为（0.156 ± 0.008）毫克/（克·小时），白天 12 小时的耗氧率为（0.134 ± 0.009）毫克/（克·小时）；幼虾夜间 12 小时的耗氧率为（0.484 ± 0.011）毫克/（克·小时），白天 12 小时的耗氧率为（0.369 ± 0.051）毫克/（克·小时），这与其昼伏夜出的生活习性是分不开的。

小龙虾的养殖产业在美国路易斯安那州最为发达。养殖方法分为粗放式养殖及集约化养殖。粗放式养殖的池塘可分为 4 种类型，分别为沿岸的沼泽性池塘、灌木型池塘、稻田式池塘及海拔较低地区的开放式池塘。稻田式小龙虾养殖有 2 种方式：一种是水稻-小龙虾双收制；另一种是单收制，只收小龙虾不收水稻，水稻仅仅是小龙虾的饲料。我国近几年小龙虾的养殖也逐渐兴起。池塘养殖是小龙虾养殖的主要模式，在此基础上，先后开发了多种养殖模式。尹金来等研究了鱼虾混养的试验，把一定种类和数量的鱼苗与小龙虾混养。小龙虾以两种方式与鱼苗混养，第 1 种方式是在 4 月往池塘中投放一定数量的小龙虾抱卵虾，第 2 种方式是在 5 月下旬往另一池塘中投入一定数量的小龙虾幼虾。两种方式皆从 6 月开始轮回捕捞，到 10 月结束，两种方式都取得了较好的效果，都带来了较高的经济效益。潘志远和涂桂萍研究了改造低洼田成池塘，种植一定的水草，不仅可以提供栖息地，还可以为小龙虾提供营养。我国南方主要种植水稻，水稻分布广阔，同时稻田也是小龙虾生长栖息的最佳场所。马金刚等研究了冬闲稻田养殖小龙虾的模式，取得了较好的经济效益。王凤明在水芹田里进行小龙虾与鱼的混养试验，取得了较好的收益。张从义等提出了藕田饲养小龙虾的技术措施。周志新等还利用封闭河道进行小龙虾养殖试验，采用了秋季放苗、夏季放苗、冬春季放苗三种方式进行养殖比较试验，结果发现采用冬春季放苗的方式效益最好。

第五节
小龙虾产业发展现状及前景

一、市场

20 世纪 50 年代，美国率先开始养殖小龙虾，欧洲南部也有少量养殖。我国 20 世纪 70 年代开始有零星养殖，至今已发展到池塘、稻田、莲藕塘、小型湖泊、沟渠等养殖水体中。国内价格由初期的每千克 1 元上升到最高每千克 48 元，一般为每千克 20～30元。目前，我国小龙虾加工的食用产品主要为虾仁、虾球、整虾等，主要出口到美国、欧洲、日本和韩国等几十个国家和地区。小龙虾每吨价格大约为 8000 美元，其加工产品和鲜活产品在国内外

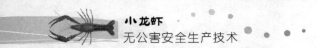

市场供不应求，经济价值很高。2016 年，我国小龙虾出口额已达到 2.59 亿美元，国内相关餐饮业产值已达几百亿元。

二、利用价值

1. 食用价值

小龙虾肉质鲜美，高蛋白质、低脂肪、营养丰富，是深受国内外消费者喜爱的一种水产品。小龙虾鲜虾肉中蛋白质占 18.9%、脂肪占 1.6%；干虾中蛋白质占 50%（其中氨基酸占 77.2%）、脂肪占 0.29%。小龙虾富含人体必需的 8 种氨基酸，尤其富含幼儿生长发育所必需的组氨酸。占体重 5% 的肝胰脏即"虾黄"更是营养佳品，它含有大量的不饱和脂肪酸、游离氨基酸和硒等微量元素以及维生素 A、维生素 C、维生素 D 等，是典型的健康食品。小龙虾的营养成分含量详见表 1-2。

表 1-2　小龙虾每 100 克鲜虾肉营养成分比例

营养成分	占比/%	营养成分	占比/%
蛋白质	18.9	灰分	16.8
脂肪	1.6	矿物质	6.6
几丁质	2.1		

2. 药用价值

小龙虾中含有丰富的镁，镁对心脏活动具有重要的调节作用，能很好地保护心血管系统，它可减少血液中的胆固醇含量，防止动脉硬化，同时还能扩张冠状动脉，有利于预防高血压病及心肌梗死。小龙虾的通乳作用较强，并且富含磷、钙，对小儿、孕妇尤其有补益功效。小龙虾体内的虾青素有助于消除因时差反应而产生的"时差症"。小龙虾还有化痰止咳、促进手术后的伤口生肌愈合作用。

日本大阪大学的科学家最近发现，小龙虾适宜肾虚阳痿、男性不育症、腰脚无力患者食用；适宜小儿正在出麻疹、水痘之时服食；适宜缺钙所致的小腿抽筋的中老年人食用；宿疾者、正值上火之时不宜食虾；患变应性鼻炎（过敏性鼻炎）、支气管炎、反复发作性过敏性皮炎的老年人不宜吃虾。虾为痛风发物，患有皮肤疥癣者忌食。

3. 饲料原料

小龙虾除去甲壳后，其他部分是鱼类重要的饲料来源。二十世纪八九十年代，小龙虾价格相对低廉，许多河蟹养殖户往往将小龙虾当作河蟹的重要饲料来源。

4. 工业价值

目前，我国小龙虾的加工产品主要为虾仁、虾球及整只虾，特别是虾仁、虾球的加工，留下大量的如虾头、虾壳等废弃物。研究表明，每只小龙虾的可食比率为 20%～30%，剩余 70%～80% 的部分（主要为虾头、虾壳）可作为化学工业原料进行开发利用。其衍生的高附加值产品有近 100 项，转化增值的直接效益将超过上千亿元。在虾头和虾壳里，富含地球上第二大再生资源——甲壳素、虾青素、虾红素及其衍生物。甲壳素除了具有降血脂、降血糖、降血压三项生物功能以外，大量国外医学文献报告：甲壳素具有抑制癌、瘤细胞转移，提高人体免疫力及护肝解毒的作用。尤其适用于糖尿病、肝肾病、高血压病、肥胖等患者，有利于预防癌细胞病变和辅助放疗、化疗治疗肿瘤疾病。天然虾青素（红素）是世界上最强的天然抗氧化剂，能有效清除细胞内的氧自由基，增强细胞再生能力，维持机体平衡和减少衰老细胞的堆积，由内而外保护细胞和 DNA 的健康，从而保护皮肤健康，促进毛发生长，抗衰老、缓解运动疲劳、增强活力。此外，虾壳还可用于制作生物柴油催化剂，产品出口美洲、欧洲。

三、前景展望

小龙虾产业的迅猛发展，给一些从业者带来忧虑，担心重蹈其他水产品发展过快带来市场价格跳水的前车之鉴，那么小龙虾的发展前景究竟如何？笔者认为，无论从小龙虾发展的市场空间，还是小龙虾现有的产量；无论是小龙虾的产品特点，还是广大消费者的

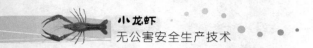

消费趋势，经过综合分析，不难得出结论，小龙虾的发展前景较为乐观。主要原因体现在以下几个方面。

1. 健康食品的属性决定了消费群体的广泛

随着人们消费水平的不断提高，消费观念也发生了前所未有的改变，已经由原来的"吃得饱""吃得好"转变为现在的"吃得健康""吃得安全"，大鱼大肉已经从我们的餐桌上逐步远离，营养全面、休闲有趣的食品越来越受到人们的欢迎，小龙虾正是符合了人们的现代消费需求。从蛋白质成分来看，小龙虾的蛋白质含量为18.9%，高于大多数的淡水鱼虾和海水鱼虾，其氨基酸组成优于肉类，含有人体所必需的而体内又不能合成或合成量不足的8种必需氨基酸，不但包括异亮氨酸、色氨酸、赖氨酸、苯丙氨酸、缬氨酸和苏氨酸，而且还含有脊椎动物体内含量很少的精氨酸。另外，小龙虾还含有幼儿必需的组氨酸。小龙虾的脂肪含量仅为1.6%，不但比畜禽肉低得多，比青虾、对虾还低许多，而且其脂肪大多是由人体所必需的不饱和脂肪酸组成，易被人体消化和吸收，具有防止胆固醇在体内蓄积的作用。小龙虾中矿物质总量约为1.6%，其中钙、磷、钠及铁的含量都比一般畜禽肉高，也比对虾高。经常食用小龙虾虾肉可保持神经、肌肉的兴奋。此外，小龙虾个大肉少，不易吃饱，肢解有趣，吸吮有味，具备休闲食品的特征。由此可见，小龙虾普遍受到人们的青睐，也就不足为奇了，大至高档酒店，小至百姓餐桌，人人爱吃小龙虾，家家吃得起小龙虾，小龙虾的消费群体始终保持不断发展的势头。

2. 烹饪方式的多样破解了众口难调的难题

一直以来，由于受到传统饮食习惯的影响，自然界的不断进化，我国人的味觉器官似乎变得特别灵敏，加之我国地大物博，不同的民族和不同的区域各自形成了自己的饮食特点，因此也就有了众口难调的成语。小龙虾从当初的食之无味，到"十三香"的风声鹊起，一时间，以麻辣为主题的小龙虾菜肴充斥大江南北，让好辣者趋之若鹜、大快朵颐，使喜清淡者望之却步、叹无口福，消费群体受到了局限。聪明的小龙虾人及时发现了这一问题，经过不断地研究，相继推出了蒜泥小龙虾、清蒸小龙虾、油焖小龙虾、红烧小龙虾、烧烤小龙虾等数十种菜肴，并根据不同地区人们的饮食习惯对应开发了以小龙虾为原料的不同菜肴，不仅丰富了小龙虾的烹饪方式，满足了不同消费对象的需求，而且为小龙虾的市场供应开辟了更为广阔的销售渠道。

3. 国际市场的衔接降低了市场单一的风险

小龙虾既不同于仅限于国内的大宗水产品（如青鱼、草鱼、鲢鱼、鳙鱼、鲤鱼、鲫鱼、鳊鱼），也不同于受限于东南亚的河蟹、鳖等特色水产品，它的最大优势之一就是属于世界性食品，尤其在欧美市场更是供不应求。目前，满足国内市场需求尚显不足，更是远远满足不了国际消费需求。欧美国家是小龙虾的主要消费国，年消费量达 12 万～16 万吨，而自给能力不足 30%。此外，欧美等国对小龙虾加工制品的进口需求量大，每年的市场需求量在 3 万吨左右，因为小龙虾国内市场的异常火爆，一直处于较高价位，以至于很多小龙虾加工出口企业由于原料不足而处于停产半停产状态。在美国，小龙虾不仅是重要的食用虾类，而且是垂钓的重要饵料，年消费量 6 万～8 万吨，其自给能力也不足 1/3。国际市场的大量需求，将有效化解国内市场单一的风险，为小龙虾产业的发展提供了广阔的市场空间。

4. 养殖规模的适度保证了市场供给的有序

由于受到市场的强烈刺激，经过近半年来的不断发掘，小龙虾的天然资源量日趋枯竭，各地纷纷采取了一系列的限制保护措施，小龙虾天然捕捞量逐年下降，对小龙虾的市场贡献率越来越低。近十几年来，小龙虾养殖发展速度较快，总体来看，养殖规模逐年扩大，养殖产量逐年增加，但我们也必须清醒地看到，近年来的相对增幅却在逐年降低，事实上，随着国家土地政策的紧缩，承租流转费用的增加，很大程度上限制了小龙虾养殖的发展空间，受到苗种来源、养殖技术的限制，相对其他养殖对象，小龙虾的养殖单产一直处在较低水平，在客观上限制了小龙虾养殖产量的上升。相对稳定的市场供给，保证了小龙虾公平合理的市场价格，从而保障了小龙虾产业的健康、有序发展。

5. 产品加工的精深克服了季节性强的局限

季节性较强是水产养殖的显著特点，喜欢鲜活是我国人普遍的消费习惯，正是这两大特征限制了水产品的常年均衡供应。与其他蟹类、虾类水产品不同，小龙虾的暂养成本较低，技术要求不高，可以有效缓解集中上市带来的压力。更大的优势在于，小龙虾肉味鲜美，营养丰富，蛋白质含量达 16%～20%，高于一般鱼类，超过鸡蛋的蛋白质含量。虾肉中锌、碘、硒等微量元素的含量也高于其他食品，且肌肉纤维细嫩，易于被人体消化吸收。小龙虾的加工技术十分成熟，无论是整只真空包装，还是分解后的即食食品，都为消费者所喜欢。不仅如此，从甲壳中还可提取甲壳素、几丁质和甲壳糖胺等工业原料，广泛应用于农业、食品、医药、烟草、造纸、印染、日化等领域，加工增值潜力很大，加工业的快速发展极大地缓解了小龙虾集中上市带来的压力。

6. 市场营销的成熟确立了销售渠道的畅通

近十几年来，各地、各级政府纷纷瞄准小龙虾产业这一新的经济增长点，积极采取措施，本着"政府搭台、企业唱戏""政府引导、企业主导"的原则，通过出台各种优惠政策、建立高起点宣传平台、举办各类节庆活动、兴办大型交易市场、开办特色连锁餐厅、打造冷链物流一体化、搭建经纪人队伍、培训电子商务人才等多种形式，积极推动小龙虾产业发展，经过规范运作，小龙虾的市场流通日趋成熟，已经建立了产前、产中、产后综合服务体系，基本形成了从塘口到市场到餐桌的畅通快捷的营销系统。可以说，小龙虾产业已经发展成为与第一、第二、第三产业最为衔接、市场体系最为健全的渔业产业之一。

当然，任何一个行业都有一个从不成熟到成熟的过程，小龙虾行业也不例外。随着小龙虾产业从苗种到养殖技术的不断完善，小龙虾养殖也将面临竞争，从 2013 年开始大规格小龙虾价格飙升已露出竞争的端倪。因此，未来小龙虾养殖必将以质优、大规格取胜。

四、存在的问题

尽管小龙虾产业取得了突飞猛进的发展，但在发展过程中依然存在着种苗供不应求、生产水平不平衡、养殖基础条件差、技术和服务滞后、精深加工能力不足等问题，制约着小龙虾产业的发展。为促进小龙虾产业的健康快速发展，应着重抓好以下工作。

一是促进养殖规模化。要统筹规划，通过加大政策扶持和资金投入力度，因地制宜推广土地季节性流转和适度规模经营，逐步完善水、电、路等公共配套设施建设，促进小龙虾养殖上规模、上档次。大力推广稻虾连作、虾蟹混养、莲藕池养殖、精养池专养和鳖池混养等多种模式。

二是推进生产标准化。建设标准较高、管理规范的小龙虾人工繁育基地，有效解决小龙虾规模化养殖的苗种供应问题。同时完善相关配套技术，并形成技术规范；开展科技攻关，着力解决苗种、病害、技术等问题，提高单位面积产量，选育优良品种和优质种苗；大力推行标准化生产，普及生态健康养殖。尤其是做好小龙虾病害防控，实行全程质量监控，确保产品质量。

三是引导经营产业化。应按照贸工渔、产学研相结合的思路，通过推进产业结构战略性调整，按照市场规律的原则，按照"壮一接二连三"的总体要求，不断整合资金、技术和管理资源，完善冷链物流的有效衔接，切实减少中间环节，重点搞好养殖基地与加工企业的对接，拉紧产业链条。大力培植小龙虾加工龙头企业，加快技术装备的升级改造，加快新产品的研发，进一步提高其辐射、示范、带动功能，以龙头企业为支撑，发展订单养殖生产。同时，最大限度地开发小龙虾潜在价值，开展小龙虾深度精细加工和综合利用，力争实行产业化经营，把小龙虾产业做大做强。

四是实行销售品牌化。鼓励和扶持各类小龙虾生产、加工、销

售等专业经济合作组织发展，通过规范运作、强化服务等手段提高小龙虾发展的组织化程度，按照市场化、产业化的要求和市场规律的要求，强化品牌意识，实施精品名牌战略，积极创建并重点打造小龙虾品牌。加大扶持、整合力度，扩大规模，不断拓展营销空间，提升产品附加值，将资金、技术等要素向品牌产品集聚，通过品牌建设工程，带动小龙虾产业上档次、上水平，提高市场占有率和竞争力，做大做强小龙虾产业。

第二章

小龙虾无公害苗种生产技术

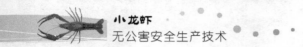

苗种生产是支撑一个品种养殖产业发展必不可少的环节之一，只有实现苗种的规模化生产和供应，产业才能发展壮大。然而，由于小龙虾具有特殊的繁殖习性，它可以自然产卵、孵化，可以很容易地在各种繁殖设施中繁育后代，很多养殖户主要依靠养殖池成熟的小龙虾自繁自育，形成自给自足的苗种供应方式。但是这种方式存在很多缺陷，主要表现在缺少科学的选育、繁殖出的后代不整齐以及数量难以控制等方面，这在很大程度上制约了小龙虾产业的健康发展。因此，需要针对小龙虾特殊的繁殖习性，采取针对性的措施，大力倡导科学的小龙虾苗种生产技术。

目前，小龙虾的苗种生产方式主要有土池育苗和室内工厂化育苗两种方式。在实际生产过程中，因小龙虾室内工厂化育苗技术尚未完全成熟，小龙虾的育苗主要还是土池育苗。笔者根据自身从事小龙虾苗种繁育的研究成果和生产经验，将现有的小龙虾苗种生产技术进行整合和优化，同时注重各个环节的无公害控制，形成了无公害小龙虾苗种生产技术，现介绍如下。

第一节
土池苗种规模化生产技术

一、苗种繁殖池选择与要求

小龙虾繁育池土质应为黏土或壤土，面积 2～3 亩（1 亩 ≈ 666.7 米²），长方形，池深 1.5 米左右，进排水系统完善，池埂坡比 1∶3，不漏水或渗水，池底淤泥在 10 厘米左右。根据小龙虾的穴居习性，苗种繁殖池最好既有深水区，又有浅水区。养殖区域内及水源上游水质清新，水源充足，无对养殖环境构成威胁的污染物源，池塘进水时用 60～80 目的筛网过滤。

二、生态环境营造

1. 构建防逃设施

塘埂四周用砂皮纸或石棉瓦、塑料板、薄膜等材料埋入土中20～30厘米，上部高出土层30～50厘米，每隔1米用竹木桩支撑固定，用于构建防逃设施。

2. 增加亲虾栖息面积

增加亲虾栖息面积主要指增加池塘圩埂长度，可以提高小龙虾亲虾放养数量，从而增加普通池塘的苗种生产能力。具体方法是在池塘长边上，每隔20米沿池塘短边方向筑土埂一条，新筑土埂比池塘短边短3～5米，土埂高为正常水位线上40厘米，土埂顶宽为2～3米，土埂两边坡度不小于1∶1.5。同一池塘的相邻短埂应分别设置在两条长边上，保证进水时水流呈"S"形流动；相邻的短埂尽量相连，便于后期的饲养管理。

3. 清塘

小龙虾的土池繁殖盛期在每年的9～11月，为了不影响小龙虾的产卵，尽量保证受精卵在入冬前孵化出苗，小龙虾繁育池塘清塘时间应选择在每年的8月初。先将池水排干，暴晒1周，再用生石灰、二氧化氯等全池泼洒消毒，具体用法及用量见表2-1，从而彻底杀灭小杂鱼、寄生虫等敌害生物。

表2-1 水产养殖常用消毒剂品种及用法用量

消毒剂名称	用途	用法与用量	休药期/天	注意事项
氧化钙（生石灰）	用于清塘和改善池塘环境，清除敌害生物及预防部分细菌性疾病	清塘。全池泼洒50～400毫克/升	0	①清塘7天后放苗，在放养前应试水 ②不能与漂白粉、有机氯、重金属盐、有机络合物混用

续表

消毒剂名称	用途	用法与用量	休药期/天	注意事项
漂白粉	用于清塘和改善池塘环境及防治细菌性疾病	清塘。全池泼洒 20 毫克/升	≥5	①清塘 3 天后放苗，放苗前应试水 ②勿用金属容器盛装 ③勿与酸类物质、铵盐、生石灰混用
聚维酮碘粉	用于养殖水体、器具消毒，防治细菌性和病毒性疾病	全池泼洒 0.0075 毫克/升（以有效碘计）	500 度日	①水体缺氧时禁用 ②勿用金属容器盛装 ③勿与强碱类物质及重金属物质混用 ④冷水性鱼类慎用
蛋氨酸碘溶液	用于水体和虾体表消毒，预防虾病毒性和细菌性疾病	全池泼洒 0.06～0.1 毫升/升	0	勿与维生素 C 类强还原剂同时使用
复合碘溶液	用于防治细菌性和病毒性疾病	全池泼洒 0.0001 毫升/升（含活性碘 1.8%～2.0%）	0	
二氧化氯	用于防治细菌性和病毒性疾病	全池泼洒 0.15～0.22 毫克/升	0	①不得使用金属器皿 ②禁止先将药品放入容器后再加水溶解 ③现配现用，包装开启后应一次性用完 ④包装破损后，严禁储运，防高温潮湿

4. 种草

水草既是小龙虾的主要饵料来源，也是其隐蔽、栖息的重要场所，还可起到保持虾池优越生态环境的重要作用。虾苗繁育池的单位水体的计划育苗量较大，更需要高度重视水草的种植。适宜移植的水草主要有伊乐藻、轮叶黑藻、水花生等，其中以伊乐藻的应用效果最好。一般是在干塘消毒，待药力消失后，进行水草种植，水草面积占虾塘面积的二分之一左右，以伊乐藻和轮叶黑藻为主，每年10月，亲虾放养前栽种完毕。

5. 施肥

小龙虾受精卵孵化出苗后经 2 次蜕皮后即具备小龙虾成虾的外形和生活能力，可以离开母体独立生活。因此，小龙虾繁育池在苗种孵化出来后应准备好充足的适口饵料。在自然界中，小龙虾苗种阶段的适口饵料主要有枝角类、桡足类等浮游动物和水蚯蚓等小型环节动物，以及水生植物的嫩茎叶、有机碎屑等，其中有机碎屑是小龙虾苗种生长阶段的主要食物来源。因此，小龙虾繁育池应该高度重视施肥工作。

小龙虾繁育池采用的肥料主要是各种有机肥，其中规模化畜禽养殖场的下脚料最好，这类粪肥施入水体后，除可以培育大量的浮游动物和水蚯蚓外，未被消化吸收的配合饲料可以直接被小龙虾苗种摄食利用。小龙虾土池繁育时施肥的方法主要有两种：一种是将腐熟的有机肥分散浅埋于水槽根部，促进水草生长的同时培育水质；另一种是将肥料分散堆放于池塘四周。肥料的使用量为 300～500 千克/亩。

另外，将陆生饲料草、水花生等打成草浆全池泼洒，可以代替部分肥料，更大的作用是可以增加繁育池中有机碎屑的含量，从而提高小龙虾苗种培育的成活率。

6. 使用微生态制剂

小龙虾繁育池使用的有机肥及虾苗孵化出来后投喂的未被食用的饲料很容易造成池塘水质的恶化。定期使用微生态制剂，可以避免虾苗池水质的恶化。小龙虾繁育池常用的微生态制剂主要是光合细菌。光合细菌应在水温 20℃时使用，阴雨天不要使用。使用时，先将光合细菌 5～10 克/米^3 拌泥均匀撒于虾池中，以后每隔 20 天用 2～5 克/米^3 光合细菌兑水全池泼洒。

三、亲虾选择与放养

以直接从天然水域或养殖池塘中通过抄网、虾笼或虾罾等渔具收集的小龙虾作为繁殖用的亲本为宜。对于外购亲虾，必须摸清来源、原生存环境、捕捞方法、离水时间等；运输方法要得当，在运输过程中要注意不要挤压，并一直保持潮湿，避免阳光直射，尽量缩短运输时间，最好是就近购买，一般不要超过4小时。亲虾的体重25克/尾以上，体表光泽度好，性腺成熟，规格均匀。亲虾宜用干法运输，选用40厘米×20厘米×15厘米的密网箱，箱内铺设水草，每只箱不超过5千克。

运输到塘边后先在网箱上洒水，连同密网箱一起浸入池中1～2分钟，再取出静放1～2分钟，如此重复2～3次，让亲虾充分吸水，排出鳃中的空气，然后把亲虾放入繁育池。放养时宜多点放养，放养量为每亩放养50～75千克，雌雄比为（4～8）∶1，其中7～8月放养的亲虾有部分尚未交配，需搭配少量雄虾，雌雄比为（4～5）∶1，9月雌虾交配比例较高，可以不放或者放少量雄虾，雌雄比为8∶1。

四、亲虾强化培育

放养亲虾后，要保持良好的水质环境，定期加注新水，定期更换部分池水，有条件的可以采用微流水方式，保持水质清新。

由于亲虾的性腺发育对动物性饲料的需求量较大，喂养的好坏直接影响其怀卵量、产苗量，加上小龙虾繁殖季节摄食量明显减少，因此，在亲虾的喂养过程中必须增加动物性、高营养性饲料的投入。饲料品种以新鲜的螺蚌肉、小杂鱼等为主，适当搭配一些玉米、麸皮等植物性饲料。动物性饲料要切碎，植物性饲料要浸泡，然后沿池塘四周撒喂。各个亲虾放养点要适当多喂。颗粒饲料可以只喂小龙虾的成虾料，粒径以0.8厘米以上为佳，料在水中的稳定性不小于2小时，粗蛋白质含量为28%～30%，同时饲料的诱食性要好。颗粒饲料的投喂量通常为亲虾体重的1.5%～7%。天气晴好、水草较少时多投，闷热的雷雨天、水质恶化或水体缺氧时少投。

在亲虾培育过程中，除控制水质、加强投喂外，还必须加强管理。每天坚持巡塘数次，检查摄食、水质、交配、产卵、防逃设施等情况，及时捞出剩余的饵料，修补破损的防逃设施，确定加水或换水时间、数量，及时补充水草及活螺蛳，做好塘口生产的各项记录。

五、亲虾的冬季管理

在整个越冬期间亲虾基本不摄食，体能消耗很大，因此，越冬前必须加强投喂，多喂些动物性饲料，可以适时投喂小杂鱼虾、螺蚬蚌肉、动物内脏等动物性饵料，补充体内营养，增强体质，提高小龙虾冬季成活率。当水温降至 10℃ 以下时，亲虾基本进入洞穴越冬，很少出洞活动，此时应适当加深水位，保证洞中有水或潮湿，但水深不可超过洞口，比洞口略低，否则亲虾会出洞重新选择地方打洞。

当亲虾基本入洞后，沿池塘四周水边铺一层薄薄的植物秸秆（如稻草、芦苇、香蒲等），一是为了保暖，二是为在亲虾越冬前产下的仔虾提供隐蔽、越冬的场所。当水加满后，要施放肥料，保持水质的一定肥度。一般每亩施放腐熟有机肥 100 千克左右，堆于池塘四角或四周的水中。

冬季水质由于受天气的影响极易变清，应根据实际情况，必要时还需追施肥料，力保透明度在 30 厘米左右。这样做的原因是水肥不易结冰，水中的浮游生物会多，尤其到春天，浮游生物会很快大量繁殖，仔虾一出洞就极易得到营养丰富、大小适口的天然饵料，有利于提高仔虾的成活率。但水质过肥，需要适时换水，保持水体溶解氧在 4 毫克/升以上，防止小龙虾缺氧窒息死亡。越冬期间遇到天气晴好、气温回升时，中午时分要在开放式洞口附近适当投喂一定量的饵料，供出洞活动的小龙虾摄食，这对提高越冬成活率十分必要。另外，坚持每日多次巡池，观察亲虾的活动情况，在

寒冷天气要及时破冰。同时要做好各项记录工作，尤其是死亡情况，对雌雄虾、个数、大小和重量等必须统计清楚，这有利于以后的喂养及对苗种量的估算。

六、亲虾的春季管理

在春季，当水温达到 18℃ 以上，亲虾会陆续出洞，出洞的雌虾大部分是抱卵虾，也有早期抱卵虾、孵化后的仔虾相继离开母体独立生活，此时所有的仔虾活动能力均较弱，如果不能及时得到充足、适口、营养丰富的饵料，就会影响到仔虾的蜕皮，甚至会因营养不足而导致大批死亡。因此，此时的管理工作在土池育苗中显得尤为重要。

当发现亲虾出洞后（洞口有新鲜泥土表示小龙虾已经开始出洞），必须适当补充一些新鲜水或更换一部分池水，加水或换水量控制在 10 厘米左右，有条件的最好保持有微流水，确保水体中的溶解氧能满足仔虾正常生长的需要。

为了保证仔虾离开母体后能及时得到充足、适口、营养丰富的天然饵料，必须适当进行追肥，每亩追施腐熟有机肥 100 千克左右，采用全池泼洒的方法，培养营养丰富的浮游生物等天然饵料，供仔虾食用。仔虾会陆续离开母体独立生活，数量越来越多，天然饵料无论从数量上还是营养方面都远远不能满足仔虾生长的需求，为了保证大批量仔虾生长营养的需求，此时必须投入营养价值较高的动物性人工饵料（如鱼糜），沿池四周进行泼洒喂养，每天 2 次，日投喂量按每万尾虾 100 克鱼计。此时亲虾仍在池中，为了防止争食，在投喂鱼糜前必须先投喂一定量的亲虾料，可以是颗粒料、麦子、玉米、切碎的鱼块等。日投喂量占亲虾总重量的 3%～4%，让亲虾先行吃饱，减轻亲虾与仔虾争食的程度。

在加强水质管理、天然饵料的培养、人工饵料的投喂的同时，为了防止亲虾与仔虾争夺饵料和地盘、防止亲虾吞食仔虾的现象发生，有必要把雄亲虾、没有抱仔的雌亲虾及早期离开母体而已长成规格较大的幼虾捕出来，为仔虾生长营造一个良好的环境。具体方法是采取定制地笼捕捞，选择网眼相对较大但又不卡幼虾的地笼对亲虾进行捕捞。捕捞出的亲虾若有抱卵或抱仔的应立即放入原池中进行继续饲养，其他的可以直接上市，也可放入暂养池中强化培育，让其恢复后作为亲虾再次使用或上市；捕捞出的大规格幼虾可以直接放入成虾池中进行养成，也可以出售，不宜放回原池。在捕捞亲虾及大规格幼虾的过程中，收起地笼后一定要先剔出抱仔虾和抱卵虾，避免使其受伤，然后再处理其他的虾。若感到仔虾的密度过大，可以适当加入一定量的密眼地笼，捕出部分仔虾单独进行培育或出售。

七、幼虾培育

在土池苗种繁育池中亲虾产卵、孵化不是同步的，因此会造成幼虾发育不同步，个体之间的规格也有一定的差别，给幼虾的培育带来了一定的困难。为了提高幼虾培育的成活率，有必要对幼虾进行单独培育，进一步提高培育效果。

1. 幼虾池的选择与前期准备

幼虾池应选择靠近水源、水量充足、水质好、土质为黏性的地方。新建池必须有完善的进排水系统，水深可达1米以上，池中开挖必要的沟渠，有利于今后幼虾的捕捞。虾池形状为长方形，东西走向，面积以1～4亩为宜，池埂的坡比要大，达到1∶(3.0～3.5)。

选好鱼池后，修建必要的防逃设施，在进、排水口应安装严格的过滤防逃装置，过滤网的网目要在60～80目。在仔虾放养前10天，每亩还必须用100千克左右的生石灰化成水进行全池泼洒消毒、清野、灭菌，移植或种植必要的水生植物，水生植物的面积占总水面的2/3左右。春天放苗由于水中植物还未能茂盛生长，必须加入人工隐蔽物。人工隐蔽物一般采用价格便宜、易获得、效果好的材料，通常有稻草、芦苇秆等，铺设的面积控制在总面积的2/3以内，厚度不宜过大，厚度过大极易造成水质快速变化，反而影响仔虾的生长。

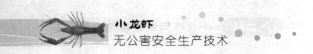

采用土池培育幼虾的池塘，在仔虾放养前必须先施基肥，培养浮游生物，通常初次进水的深度为 50 厘米左右，每亩施腐熟有机肥 200 千克左右，做到肥水下池，有利于提高仔虾的成活率。

2. 虾苗的放养

虾苗的放养宜选择在晴天的早晨。由于虾苗相对比较稚嫩，要避免强阳光直射，在运输放养过程中动作要轻、快，保持虾体潮湿。一般每亩放养 1 厘米以上的虾苗 10 万～15 万尾，育苗经验丰富、水平较高的，每亩可放养 20 万尾左右。在同一培育池要求放养的仔虾规格整齐，防止相互残杀，而且要一次性放足，放养时要分散、多点放养，不可堆积，各放养点均要做好标记，为今后的喂养管理及捕捞提供方便。放养时计数尽量要准确，为今后的科学管理提供依据。

3. 虾苗的喂养

由于土池育苗采取的是肥水下池，因此，水体中浮游动物的数量较多，因此初期虾苗可以利用水体中的轮虫、枝角类、桡足类等浮游动物及底栖软体动物作为饵料，而人工饵料可以相对少喂。随着虾苗逐步长大，人工饵料的投喂量要及时增加，前期可以泼洒豆浆和鱼肉糜，每亩日投喂 2 千克左右的干黄豆，另外加鱼糜 500 克左右，用水搅匀成浆沿池边泼洒，日投 2 次，上午喂总量的 30%，傍晚喂总量的 70%；1 周后，可直接投喂绞碎的螺蚌肉、鱼肉、动物的内脏等，适当搭配一些粉碎后的植物性饲料（如小麦、玉米、豆饼等）。

4. 日常管理

坚持每日多次巡池观察，检查虾苗的蜕壳、生长、摄食、活动状况，及时调整日投饲量，清除多余的残饵。随着气温的升高，水草会生长得越来越茂盛，要及时向幼虾池中移植或投入必要的水草植物，它既可以为幼虾提供隐蔽的场所，有利于蜕壳，防止相互间的残杀，又可以提供一些嫩芽供幼虾食用，提高幼体的抵抗力。最主要的是应对水质进行管理。小龙虾为杂食性虾，尤其喜食动物性饲料，虽然其适应环境的能力很强，但在高密度、长时间、大量投喂动物性饲料的情况下，水质难免会恶化，因此必须加强对水质的管理。必须定期加水或换水，一般7天左右加水或换水1次，每次加水深15厘米左右，在特殊情况下要及时加水或换水，使得水体中的溶解氧保持在5毫克/升以上，pH值为7.0～8.5，透明度控制在30～40厘米。必要时要泼洒一些生石灰水，进行水质调节，缩短仔虾的蜕壳周期，增加蜕壳的次数。

第二节
小龙虾室内工厂化苗种生产技术

由于小龙虾具有抱卵及孵化不同步等生物学特性，导致小龙虾土池育苗存在培育规格不整齐、受自然因素影响较大和规模上不去等，这也在很大程度上限制了小龙虾产业的发展，而小龙虾室内工厂化育苗技术通过同步诱导、分期孵化、高密度育苗等措施解决了这些问题。虽然这种技术尚未成熟，但这种技术是今后小龙虾育苗技术发展的重要方向。

一、育苗设施

工厂化育苗设施主要有室内亲本培育池、孵化池、育苗池、供水系统、供气系统、供暖系统及应急供电设备等。繁殖池、育苗池的面积一般为12～20米^2，池深1米左右。繁殖池及育苗池的建设规模，应根据本单位生产规模及周边地区虾苗市场需求量而定（彩图10）。

二、育苗前期准备

小龙虾的室内人工育苗一般于每年的9月开始，在这之前要进行育苗温室的消毒和育苗用水准备等工作。育苗温室的消毒主要包括生石灰浸泡消毒和漂白粉泼洒消毒两步。生石灰浸泡消毒是指利用生石灰对育苗温室内的水泥池进行浸泡消毒。其具体方法是将水

泥池进满水，然后将生石灰化浆后均匀泼洒至水泥池，用量为0.3～0.5千克/米³，浸泡消毒时间至少1周。生石灰浸泡消毒后，排干池水，并将池中剩余的生石灰粉末冲刷干净。完成清洗工作后，开始进行漂白粉泼洒消毒。其具体方法是将漂白粉配制成高浓度的溶液，然后在整个育苗水泥池、地面以及排水区域进行均匀泼洒，然后将温室密闭，利用漂白粉的易挥发特性，对温室进行整体消毒，1周后方可打开温室，将虾苗用水引入温室开始其他后续工作。

工厂化育苗过程中的用水非常关键，这也就要求在育苗开始前就要做好育苗用水的准备。为了节约工厂化育苗的成本，育苗用水采用消毒处理后的池塘水。温室用水的消毒处理工作可在温室消毒工作之前或与之同时进行。具体方法是用生石灰化浆后全池泼洒，生石灰的用量为50千克/亩，待水的pH值降至7.0～8.5后方可使用，进入温室蓄水池时再用80目筛绢过滤1次，待池水澄清后即可进入亲虾养殖池或育苗池。

三、亲虾挑选、配组和强化培育

亲虾的选择标准、捕捞和运输方法与本章第一节中土池苗种规模化生产技术中叙述的相同。获得亲虾后，将亲虾按照雌雄比为5∶1、密度为60～100尾/米² 放养至水泥池。在水泥池底按亲虾放养数量设置一定比例的弧形瓦片巢穴，既可作亲虾栖息的场所，又可防止虾与虾之间相互残杀。刚放养时水泥池水深为20～30厘米、水温为23～24℃，并保证不间断均匀充气。待小龙虾适应1天后，开始对其进行消毒处理，消毒方法为高锰酸钾药浴，浓度为2毫克/升，药浴时间为30分钟。药浴后，进水至水深为50厘米，即可进行亲虾强化培育（彩图11、彩图12）。

亲虾的强化培育，主要以带鱼、黄豆、沼虾配合料及大麦等多种饲料交替投喂进行。饲料的投喂早晚各1次，早上8点半投喂1次，投饲量约占日投饲量的30%；下午5点投喂1次，投喂量为日投饲量的70%，第2天早上采用虹吸法吸污，将剩余的饵料吸出。亲虾强化培育开始后，每天注意观察池中小龙虾的交配和产卵情况，亲虾强化培育时间为 30 天左右。

四、抱卵虾的挑选及人工孵化

亲虾培育约 30 天后，池中即出现大量的抱卵虾。抱卵亲虾挑选的方法是，先将亲虾池中的水排干，然后人工挑选抱卵虾。为保证幼虾孵出的同步性，根据卵的颜色，将抱卵亲虾划分为棕色、黄色、黑色 3 个不同类型，并将 3 种抱卵虾分别放入不同的网箱。网箱规格为 60 厘米×60 厘米×20 厘米，网目为 1.5 厘米。然后将网箱按照抱卵颜色放置于不同的水泥池中，水泥池的面积为 12 米^2，每个网箱放抱卵种虾 30～50 尾，每个水泥池放 18～20 个网箱。网箱漂浮于水面上，主要是起到隔离作用，即孵出后的幼虾离开母体后，可通过网目落入水泥池中，从而可以避免亲虾吃小虾的现象。这种挑选方法每隔 15～20 天进行 1 次，整个繁殖期间可进行 4～5 次（彩图 13、彩图 14）。

孵化期间，孵化池水位保持在 60 厘米左右，水温 28℃左右，不间断充气。为了保证抱卵虾的营养、孵化期间，每天向网箱内投喂带鱼块作为抱卵虾的饵料，每天投喂 1 次，投喂量的多少根据个体的吃食情况增加或减少。一般经过 20～30 天，可以在池底见到幼虾，根据目测池中的幼虾密度情况，一般约为 2000 尾/米^2 时，将余下的种虾移至另一个水泥池中进行孵化，水泥池的各项指标与之前所述的相同。种虾移走后的水泥池中，需要在池中放置一定数量的网片，使其悬立在水体中，主要用作虾苗的隐蔽和栖息场所，同时也可降低幼虾间的互相残杀。

五、幼虾培育

幼虾从母虾上脱离后，开始进入幼虾培育阶段。此阶段水泥池水位控制在 60 厘米左右，水温 28℃左右，前 5 天主要投喂罗氏沼虾或南美白对虾的粉状料，后 5 天主要投喂罗氏沼虾或南美白对虾 0#料及绞碎的大卤虫等。经过 10 天左右的培育，虾苗即可长至 1.5 厘米左右，平均成活率可达 80% 以上（彩图 15）。

六、分养

幼虾离开母体后，在水温 20～25℃的水中经 10 多天培育，长到 1～2 厘米以上时可起捕，再行幼虾培育或直接进行成虾养殖。

利用工厂化设施开展小龙虾苗种繁育，一般在秋冬季进行，苗种出池时，幼虾培育池和外放池塘环境差异较大，尤其是温度。如何将工厂化繁育设施生产的小龙虾苗种顺利分养成功，是决定工厂化苗种生产成败的关键。要做好三项工作：一是幼虾培育池降温处理，当幼虾培育池水温超过外放土池水温 3℃以上，应该使用通风降温和常温水掺兑培育池，使培育池逐步降温，降温速度要缓慢，一般一昼夜降温 2℃以内，当培育池温度与外塘温度相同时，再开始排干池水，收集苗种，移至土池进行分养；二是分养池环境营造，计划分养的小龙虾池塘应提前做好准备，彻底清塘、施用基肥、移栽水藻，营造优越的生态环境；三是幼虾分养培育的方法跟土池育苗中幼虾管理方法相似，在此不再重复。

第三节
成虾养殖池苗种生产技术

在小龙虾成虾养殖池直接开展小龙虾苗种生产，是养殖户最早进行的苗种繁育工作。该方法无需另外建立繁殖设施，成熟的小龙虾自己在养殖池进行繁殖活动，具有投资少、管理简单的优点。但缺点也较明显，一是繁殖苗数量无法准确把握，二是反复自繁自养，造成小龙虾近亲繁殖严重，小龙虾个体逐渐变小。

一、池塘准备

各种适宜开展小龙虾成虾养殖的池塘均可以开展小龙虾自繁自育。池塘中高出水面的各种埂、岛是小龙虾开展繁育活动的必要场所，这些埂、岛的正常水位线长度是影响繁育数量的重要指标。因此，除四周池埂外，池中高出水面的隔埂、小岛周长要认真统计，做到心中有数。低于 10 亩的池塘，中间的隔埂、岛最好去掉；超过 30 亩的池塘，隔埂、岛周长不要超过四周池埂的 30%。

二、生态环境营造

与繁育活动相关的环境营造，主要指在亲本交配及受精卵孵化出膜前，要营造优越的亲本繁殖和幼虾培育条件，提高幼虾繁育成活率，具体做法有以下三点。

① 加强捕捞，减少池塘中的敌害生物。

② 适当施用基肥，增加有机碎屑，培育饵料生物。

③ 移栽水藻，营造立体生态环境。

三、亲虾数量控制与种质改良

小龙虾雌性亲虾个体大小和数量决定着受精卵总数，也决定着最终的苗种产出数量。利用成虾池繁育小龙虾苗种，目的是为了与成虾养殖相配套，繁育数量以满足自身需要为标准。因此，小龙虾亲本，尤其是雌性亲本数量估算与控制非常重要。

1. 雌性亲本需要数量测算

可以用下列经验公式测算雌性亲本需要数量。

$$S = Nm/(Pr)$$

式中，S 代表雌性亲本需要数量；N 代表计划苗种总产量；m 代表单位重量小龙虾尾数；P 代表雌性亲本平均产出数量；r 代表 3 厘米大规格苗种成活率。

研究表明，营养正常的小龙虾雌性亲本，规格在 35～45 克雌虾仔虾孵出数量平均为 400 只；3 厘米以上的苗种培育成活率一般在 50%～60%。这两个数值受日常管理因素影响较大，测算雌虾亲本需要量时，养殖户应根据自己的管理技术和往年经验确定。

2. 雌性亲本数量控制

确定了所需要的雌性亲本数量后，就要对成虾塘留存的亲本进

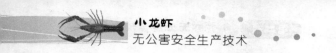

行估算，超出需求的亲本要通过捕捞除去，不足时要补放。

3. 种质改良

利用成虾池塘自繁自育超过 2 年以上的池塘，应考虑小龙虾种质退化问题。为解决这一问题，可以在繁殖季节引进外源成熟亲虾，引进地与养殖地的距离应尽可能远，且小龙虾的规格要大；引进时间最好在 8 月中旬至 9 月上旬。

四、苗种生产管理

成虾池繁育小龙虾苗种，苗种阶段的管理至关重要，决定着小龙虾苗种培育的规格和产量。一般应掌握以下关键点。

1. 幼虾数量的测算和控制

春季，幼虾全部离开母体后，要及时估算幼虾数量，为制订有针对性的幼虾培育方案提供必要的参考，方法有两种。一是微光目视法估算。对于水草较少的池塘，先在池塘近水岸放入 1 米^2 的木框，木框沉入水底淤泥上，然后正常投饵，于傍晚小龙虾活动频繁时，用手电筒弱光查看木框内幼虾数量。为确保准确，可以多次估测取其平均值。二是切块捕捞估算法。水草茂盛的池塘，小龙虾呈立体分布，采用第一种方法不能准确估算小龙虾的数量。对该类型的池塘，可先在池塘中选择一块具有代表性的区域，快速插上围网，然后将围网内的水草捞出，清点水草中幼虾数量，再用抄网反复抄捕围网内的幼虾，直至捕尽为止，最后即可计算单位面积小龙虾幼虾数量。

如发现幼虾数量过多，则需及时用密眼地笼捕捞出池塘，数量不足也应该就近购买苗种补充进去。

2. 产后亲本捕捞

同第二章第一节土池苗种规模化生产技术相应部分一样，产后亲虾应及时捕捞。

3. 喂养与管理

该模式的喂养与管理方法同第二章第一节土池苗种规模化生产技术相应部分基本相同。

第三章

小龙虾无公害成虾养殖技术

小龙虾的成虾养殖是将体长 2～3 厘米的幼虾饲养到上市规格，成为商品虾。随着小龙虾产业的逐渐壮大，各地养殖户也探索出多种养殖模式，本章在总结各地成功养殖经验的基础上，形成了池塘主养、虾蟹混养、稻田养殖等小龙虾无公害成虾养殖技术。为了充分保证小龙虾无公害成虾养殖，还专门对小龙虾的饲料与营养需求进行了阐述。

第一节
池塘主养

小龙虾池塘主养是目前最常见的一种养殖模式（彩图 16），是以小龙虾为主养品种，利用池塘条件，创造良好的养殖环境，投喂优质饵料，进行小龙虾成虾养殖的模式。

一、池塘准备

1. 虾池建立的条件

小龙虾成虾养殖池首先要三通，即路通、电通和水通。其次水源要充足，水质良好，符合农业部制定的《无公害食品淡水养殖用水水质》（NY 5051—2001）的要求；土质坚实（以黏土或壤土为好），不渗漏，排灌方便。为了提高小龙虾的商品价值，底泥不应该过深，多余的淤泥必须清除。

主养池塘面积为 5～10 亩，呈东西向设置，水深 1.0～1.8 米，池底平坦，池坡比不小于 1∶1.5，池埂宽度在 1.5 米以上。池中设有浅水区和深水区，深水区的水位可达 1.5 米以上，浅水区面积占 2/3 左右，还可留出 2～3 个露出水面的土堆或土埂，占池面的 2%～5%，供小龙虾掘洞栖息。

2. 建立防逃设施

高密度养殖条件下，当池塘环境不太适宜小龙虾生活或雷雨天气时，小龙虾就会攀爬外逃。因此，小龙虾主养池塘必须设置防逃设施。现有的防逃设施有以下几种。

（1）砖墙防逃 在塘埂靠内侧砌一道砖墙，墙厚12厘米，高20～30厘米，墙基深10厘米左右，墙内的水泥沟缝用水泥抹平，墙顶横置一块砖，向内延伸约5厘米呈倒挂。这种防逃设施坚固耐用，可用10～15年。

（2）塑料薄膜防逃 在塘埂的内侧插上高30～40厘米的竹片，竹片间隔40～50厘米，竹片下部内侧贴上厚塑料膜，高20～30厘米，再在薄膜内加插竹片，间隔同外竹片对应，并用绳夹固定，同时对夹牢的塑料薄膜培土加固，一并打实以防虾逃。这种防逃设施不耐用，一般只能用1年左右。

（3）玻璃钢防逃 所谓玻璃钢大多数是指聚乙烯塑料板块，一般约1毫米厚，每平方米重250克左右。用30～40厘米高的平板玻璃钢插在塘埂内侧的1/3处，深入土层15～20厘米。内外两侧均用木桩加固，桩距70～80厘米。这种防逃设施可用6～8年。

（4）石棉瓦防逃 将石棉瓦块折成2段或3段，插在池埂内侧1/3处，入土深10～15厘米，注意瓦与瓦扣齿交叠，不见缝隙。瓦的内外均用木桩或竹桩固牢，桩距0.8～1米。这种防逃设施可用3～5年。

虾池防逃材料还有很多，在此不作一一叙述。另外，在进、出水口应安装防逃设施，进水时用60目筛网过滤，严防野杂鱼混入。

3. 增氧设施

小龙虾具有较强的适应能力，当水体溶解氧不足时，小龙虾会攀爬到水草顶部侧卧，依靠露在水面上一侧的鳃呼吸空气维持生命，但作为养殖对象，经常缺氧，一定会造成小龙虾免疫力下降，生长受阻。因此，开展小龙虾池塘主养时，保持养殖环境充足的溶解氧含量，是获得良好效益的必要条件。目前小龙虾池塘适宜的增氧方式是底层微孔增氧。关于微孔增氧设施的安装，简要叙述如下。

（1）风机功率选择 一般选罗茨鼓风机或空压机。风机功率一般每亩配备 0.1～0.15 千瓦，实际安装时可以水面面积确定功率大小，如 20～30 亩水面（2～3 个池塘）可配 1 台 3 千瓦的风机。空压机功率应大一些。

（2）微孔管安装　风机连接主管，主管将气流传送到每个池塘；微孔增氧管要布置在深水区，离池底 10～15 厘米处，布设要呈水平或终端稍高于进气端，固定并连接到输气的塑料软支管上，支管再连接主管，形成风机—主管—支管（软）—微孔增氧管的三级管网。鼓风机开机后，空气便从主管、支管、微孔增氧管扩散到养殖水体中。主管内直径 5～6 厘米，微孔增氧管是外直径 14～17毫米、内直径 10～12 毫米的微孔管，管长不超过 60 米。

4. 池塘清整与消毒

池塘是小龙虾生活栖息的场所，池塘环境好坏直接影响到其生长和健康。在放虾之前，要根据池塘情况进行干池清整和消毒。虾池的清整主要指清除过多的淤泥、堵塞漏洞。消毒是在虾苗放养前10 天左右进行药物清塘。清塘消毒的目的是为了彻底清除敌害生物（如鲶鱼、泥鳅、乌鳢）及与小龙虾争食的鱼类（如鲤鱼、鲫鱼、野杂鱼等），杀灭有害病原体。目前，清塘消毒的方法主要有以下两种。

（1）常规清塘　利用冬闲将存塘虾捕完，排干池水，挖去过多的淤泥，池底暴晒，使池塘土壤表层输送氧气，改善通气条件，加速土壤中有机物质转化为营养盐类。同时，还可达到消灭病虫害的目的。

（2）药物清塘　常用的清塘药物有生石灰、漂白粉和茶籽饼等。其中，采用生石灰、漂白粉清塘效果较佳。

① 生石灰清塘。生石灰来源广泛，使用方法简单。虾池整修好后，选择晴天进行清塘消毒，一般 10 厘米水深用生石灰 50～75千克/亩，生石灰需现化，趁热进行全池泼洒。生石灰消毒的好处是，既能提高水体 pH 值，又能增加水体中钙的含量，有利于亲虾生长蜕皮。生石灰清塘 7～10 天后药效基本消失，此时即可进水、放养虾苗。

② 漂白粉清塘。漂白粉具有强烈的氧化性，一般清塘用量为20毫克/升。使用时用水稀释，全池泼洒，施药时应从上风向向下风向泼洒，以防药物伤眼及皮肤。药效残留期为5～7天，以后即可放养虾苗。

③ 茶籽饼清塘。茶籽饼含有皂素和皂角苷，是一种溶血性毒素，能使鱼类和其他水生动物的红细胞融化而死亡。茶籽饼只能带水清塘，每亩水深1米的塘用量为35～40千克，使用时打碎，用水浸泡一夜，然后连渣带水均匀泼洒全塘。若用开水浸泡2～3小时再用，效果更好，用量可以减少一半。茶籽饼清塘，只能杀灭红色血液动物，对小龙虾等甲壳类动物无害。因此，用这种方法清塘，可以马上放养小龙虾苗种。

以上是三类常规的清塘药物，具体使用哪种，应根据需要灵活掌握。目前市场清塘药物品种较多，也有专杀鱼类、泥鳅、蝌蚪等而对虾、蟹影响不大的药物。但是从无公害以及对小龙虾养殖有利的角度来看，生石灰清塘，尽管劳动强度大，仍是小龙虾主养池塘最好的清塘方法。

5. 施基肥

池塘主养时，刚放养的小龙虾苗种，一般个体小，尤其是秋季放养的幼虾，体长只有2～3厘米，活动范围小，摄食能力较弱；人工投喂的饲料，由于数量少，覆盖范围小，常常不能满足所有小龙虾摄食需求。因此，在池塘中施用有机肥料培养饵料生物就显得非常重要。各种粪肥中，规模化养殖场的猪粪或羊粪效果较好，因为猪粪和羊粪中既含有充足的麸糠类有机碎屑，又不会像鸡粪那样肥效太猛而使得水质难以控制。

基肥施用数量和方法应根据池塘情况而定。新开挖虾池，每亩施用腐熟有机肥200千克左右；老池塘，有机肥用量为75～100千克/亩。在池塘清整消毒后，将粪肥均匀撒入池塘。淤泥超过20厘米的老池塘，可以不施基肥，或池底埋肥。埋肥既不会造成池塘过肥，又可以构建池底饵料生物床，促进枝角类等浮游动物、线虫、水蚯蚓等底栖动物持续产生，为小龙虾提供优质的饵料生物。埋肥的方法是先在池底开挖若干条沟（宽 20～30 厘米，深 15～30 厘米），再将粪肥埋入沟中，然后在粪肥上端盖少许泥，保持粪肥露出宽度 15～20 厘米，形成半埋半露的施肥效果。

6. 水草栽培

（1）种草养虾的必要性　小龙虾属甲壳类动物，生长是通过多次蜕壳来完成的，刚蜕壳的虾十分脆弱，极易受到攻击，一旦受到攻击就会死亡，因此在蜕壳时要先选定一个安全的隐蔽场所。为了给小龙虾提供更多隐蔽、栖息的理想场所，在养殖水体中种植一定比例的水草对养殖具有十分重要的作用；另外，通过水草的生长繁殖还可控制和改善养殖水体的生态环境。同时，水草也是小龙虾良好的饵料。小龙虾养殖池塘的水草面积一般占整个池塘面积的1/3～1/2，水生植物移植时要注意移植的水生植物品种，池中栽种沉水植物，主要品种有马来眼子菜、伊乐藻、金鱼藻和菹草等；池塘四周移植水花生，可在离池埂 1.5～2 米处用绳围栏固定。养殖池中还可以放养水浮莲、水葫芦等浮水植物。

（2）小龙虾养殖水草主要品种介绍

① 伊乐藻。原产于北美洲，属水鳖科，伊乐藻属，与我国的苦草、轮叶黑藻同属水鳖科，为多年生沉水植物。为解决水体污染问题，欧洲、日本先后移植，我国于 20 世纪 80 年代由中科院南京地理与湖泊研究所从日本引进。伊乐藻具有鲜、嫩、脆的特点，是虾、蟹优良的天然饵料。伊乐藻适应力极强，只要水上无冰即可栽培，气温在 4℃以上即可生长，在寒冷的冬季能以营养体越冬，当苦草、轮叶黑藻尚未发芽时，这种草已可大量生长（彩图 17）。

虾、蟹养殖池种植伊乐藻，可以净化水质，防止水体富营养化。伊乐藻不仅可以在光合作用中放出大量的氧气，还可吸收水中不断产生的大量有害氨态氮、二氧化碳和剩余的饵料及其他有机分解物。这些作用对稳定 pH 值，使水质保持中性偏碱，增加水体的透明度，促进虾蟹蜕壳，提高饲料利用率，改善虾、蟹品质等都有重要意义。同时，还可营造良好的生态环境，供虾、蟹活动、隐藏、蜕壳，使其较快地生长，降低发病率，提高成活率。实践表明，用伊乐藻饲养虾、蟹，适口性好，生长快，成本低，可节约精饲料 30％左右。

② 轮叶黑藻。俗称温草，属水鳖科、黑藻属单子叶多年生沉水植物，广泛分布于池塘、湖泊和沟渠中，其茎叶鲜嫩，历来是虾、蟹、草鱼、团头鲂喜食的优质水草。根据养殖实践，小龙虾粗养池塘单种轮叶黑藻，效果很不理想。一是因为这种草适宜的生长季节正是小龙虾摄食水草的旺盛季节，无论采取何种栽培方法，刚移栽的轮叶黑藻都不易安静地生长。二是小龙虾食量大，轮叶黑藻的再生能力差，即便是已经栽培成功的轮叶黑藻也满足不了不断长大的小龙虾的需要，往往造成小龙虾养殖池前期满池水草，中后期寸草不留，造成小龙虾养殖失败。因此，轮叶黑藻只能作为小龙虾主养池塘栽培水草的搭配品种（彩图 18）。

③ 苦草。水鳖科、苦草属，俗称面条草、扁担草。生于溪沟、河流等环境之中，分布在我国多个省区，有药用价值、观赏价值、经济价值等。小龙虾喜食苦草的匍匐茎，因此，虾池中经常有苦草上浮到水面。夏季水温高时，为防止其腐败而破坏水质，应及时捞出（彩图 19）。

④ 喜旱莲子草。属苋科，莲子草属，俗名"水花生"，原产于巴西。是一种多年生宿根性杂草，生命力强，适应性广，生长繁殖迅速，水陆均可生长，主要在农田（包括水田和旱田）、空地、鱼塘、沟渠、河道等环境中生长。水花生在池塘等水生环境中生长繁殖迅速，但腐败后又污染水质。小龙虾吃食水花生的嫩芽，在饲料不足的情况下，早春虾塘中的水花生很难成活。水花生对小龙虾还有栖息、避暑和躲避敌害的作用，水花生生长好的养虾塘，在夏季高温期也易捕捞小龙虾（彩图 20）。

（3）水草栽培方法 水草的栽培方法有多种，应根据不同的水草采取不同的方法。

① 栽插法。这种方法一般在虾种放养之前进行。首先浅灌池水，将轮叶黑藻、伊乐藻等带茎水草切成小段，长度为 15～20 厘米，然后像插秧一样均匀地插入池底。池底淤泥较多，可直接栽

插。若池底坚硬，可事先疏松底泥后再栽插。

② 抛入法。菱、睡莲等浮叶植物，可用软泥包紧后直接抛入池中，使其根茎能生长在底泥中，叶能漂浮水面。每年的3月前后，可在渠底或水沟中挖出苦草的球茎带泥抛入塘底，让其生长，供小龙虾食用。

③ 移栽法。茭白、慈姑等挺水植物应连根移栽，移栽时应去掉伤叶及纤细劣质的秧苗，移栽位置可在池边的浅滩处，要求秧苗根部入水在10～20厘米，数量不能过多，每亩保持30～50株即可，否则会大量占用水体，反而造成不良影响。

④ 培育法。对于水葫芦、浮萍等浮叶植物，可根据需要随时捞取，也可在池中用竹竿、草绳等隔一个角落进行培育。只要水中保持一定的肥度，它们都可生长良好。若水中肥度不大，可用少量化肥化水泼洒，促进其生长发育。水花生因生命力较强，应少量移栽，以补充其他水草的不足。

⑤ 播种法。近年来最为常用的水草是苦草。对苦草的种植采用播种法，有少量淤泥的池塘最为适合。播种时水位控制在15厘米，先将苦草籽用水浸泡1天，再将泡软的果实揉碎，把果实里细小的种子搓出来，然后加入约10倍于种子量的细沙壤土，与种子拌匀后播种；播种时要将种子均匀撒开。播种量按每公顷水面1千克（干重）计。播种后要加强管理，提高苦草的成活率，使之尽快形成优势种群。

二、苗种放养

小龙虾苗种主要有两种来源：一是专池繁育或工厂化繁育的人工苗种，规格分1～3厘米和4～6厘米两种，专池繁育或工厂化繁育的人工苗种规格相对整齐，受伤较少，可以就近运输、计数下塘，放养成活率较高；二是放养成熟小龙虾，依靠其自繁能力，就形成池塘生产所需苗种，这种途径获得小龙虾苗种无需捕捞运输，但规格不整齐，数量无法准确计算，生产计划性较差。推荐使用第一种方式繁育的虾苗作为主养池塘的苗种，下面就这种苗种来源的虾苗放养技术介绍如下。

小龙虾苗种的人工繁育工作，一般开始于每年的 9～10 月，10 月初的小龙虾繁育池中，早期的受精卵已经孵化出苗，后期的受精卵则由于水温逐渐下降，抱卵虾带卵越冬，翌年春天，受精卵相继孵化成虾苗。因此，小龙虾人工繁殖苗种放养可以分成以下两种模式。

1. 秋季放养模式

此时的小龙虾人工苗种规格较小，一般在 1～3 厘米，小规格的虾苗生命比较脆弱，操作要求较高，应做好以下几方面工作。

（1）捕捞与运输 室内工厂化繁育的虾苗，可直接排干育苗池中的水，用集苗袋在出水口收集虾苗，然后将从各个育苗池收集的虾苗放至集苗网箱，充分曝气并将虾苗中的杂质、木屑、沙砾等去除，同时对小龙虾苗种进行抽样计数，为后面的运输和准确放养做准备。而在池塘繁育的规格为 1～3 厘米的虾苗，无法用地笼诱捕，只能用抄网诱捕，具体方法是先将繁育池中附着物（包含水草）聚拢成簇，后用三角抄网从下端将附着物全部兜起，再将附着物轻轻抖动，并移出抄网，清除附着碎屑和杂质，剩下的就是虾苗了，再将这些虾苗带水移入集苗网箱，等待运输放养。注意事项：捕捞时尽可能带水操作，避免受伤，减少小龙虾苗种的应激反应。网箱暂养时要有充气增氧设施，且暂养时间尽可能缩短，防止长时间暂养在一起的小龙虾苗种抱团，互相伤害。

小规格的小龙虾苗种，壳薄易受伤，一般采用尼龙袋充氧运输，具体运输方法见第五章第二节。

（2）数量与放养

① 数量。主养池塘具体放养数量依产量计划和管理水平而定，管理水平高的养殖户，可以将目标产量定高些。一般将小龙虾出池规格定在 25 尾/千克以上，目标亩产量定为 150～200 千克。放养量可以用下列公式进行计算。

$$L = SKl/r$$

式中，L 表示放养量，尾；S 表示虾池面积，亩；K 表示目标苗产量，千克/亩；l 表示预计出池规格，尾/千克；r 表示预计成活率，%，小规格苗种的综合成活率一般为 40%。

② 放养。虾苗要求体质健壮，无病无伤，附肢完整，同一个池塘放养的虾苗应规格整齐，并尽可能一次放足（室内工厂化育苗可以很好地解决这个问题）。放养时沿池塘四周分散放养，时间选择在晴天早晨，避免阳光直晒，虾苗入池前应做缓温处理，入池温度与虾池水温差不要超过 2℃。

秋季放养的小龙虾苗种，很快就要进入越冬季节，因此，这种放养模式的小龙虾池塘必须提前做好池塘清整、消毒，并按上述水草栽种方法于 10 月上旬前栽种伊乐藻，提前营造好虾池生态环境。越冬前，采用四周堆肥的方式，每亩施用腐熟猪粪 200 千克，增加虾池有机碎屑。优良环境下，小龙虾越冬期间仍能缓慢生长，为开春后小龙虾快速生长打下良好基础。这种放养模式，小龙虾商品虾的出池时间可以提前到翌年 5 月上旬，此时，小龙虾销售价格一般为全年最高。因此，秋季放养可以促进小龙虾养殖效益的提高。

2. 春季放养模式

虾苗放养的主要季节在春季，当水温达到 15℃以上时，专池繁育的小龙虾抱卵虾陆续出洞觅食，受精卵也相继孵化出苗，适宜的温度和环境下，苗种快速蜕壳生长，一般在 4 月底至 5 月中旬可以达到 4～6 厘米大规格苗种（彩图 21），此时，便可以利用密眼地笼诱捕放养。为保证放养成活率，也应该做好以下工作。

（1）质量要求 作为主养池塘放养的虾苗，要求规格一致、颜色鲜亮、附肢完整、体质健壮，剔除蜕壳软虾和已经发红的"老头虾"。外购的虾苗，必须保证来源于人工专池繁育且运输时间不超过 5 个小时。

（2）数量 根据上述放养公式计算放养量。由于苗种规格较大，其中，预计成活率一般调整为 60%。如果虾苗为自我配套的苗种繁育池繁育，无需长途运输，成活率可以调整为 75%。根据经验，主养小龙虾池塘，一般第 1 次放养 1.5 万～2.0 万尾/亩。

（3）放养前处理 采用干法运输的苗种，运达虾池后，先用池水反复喷淋虾苗 5～10 分钟，让虾苗充分吸水，排出头胸甲两侧内的空气，然后多点散开，放养虾池。

三、日常管理

1. 水质管理

养虾池塘经过一段时间的投饵喂养后，池底集聚的小龙虾粪便、残饵越来越多，随着这些有机废物的分解、腐化，虾池水色变浓，溶解氧、酸碱度下降，氨氮、亚硝酸盐等水质指标逐渐上升，如果遇到阴雨天或高温天等不良天气，水质将加剧恶化。不良的水质环境会导致寄生虫、细菌等有害生物大量繁殖，小龙虾摄食下降，甚至停止摄食；长时间处于低氧、水质不良的环境中，小龙虾蜕壳速度下降，生长减缓，甚至停止生长；水质严重不良时，还能造成小龙虾死亡，致使养虾失败。因此，保持虾池优良的水质，是小龙虾池塘主养日常主要工作之一。

（1）水质指标监测 在小龙虾池塘养殖过程中，定期监测水质指标是一项重要的日常管理工作。监测的指标有温度（水温、气温）、溶解氧（DO）、pH 值、氨氮、亚硝酸盐氮、硫化氢等。合格的小龙虾养殖池塘水质指标为，DO>3 毫克/升，7.0<pH<8.5，氨氮<0.6 毫克/升，亚硝酸盐氮<0.01 毫克/升，硫化氢<0.1 毫克/升，透明度保持在 30～40 厘米。

（2）水位控制 小龙虾的养殖水位根据水温的变化而定，掌握"春浅、夏满"的原则。春季一般保持在 0.6～1 米，浅水有利于水草的生长、螺蛳的繁育和幼虾的蜕壳生长；夏季水温较高时，水深控制在 1.0～1.5 米，有利于小龙虾度过高温季节。

（3）适时换水 平时定期或不定期加注新水，有利于营造小龙虾良好的生长环境。换水的具体原则是蜕壳高峰期不换水、雨后不换水、水质较差时多换水。一般每 15 天换水 1 次，高温季节每周换水 1 次，每次换水量为池水的 20%～30%，使水质保持"肥、活、嫩、爽"。在高密度池塘养殖小龙虾时，透明度要控制在 40 厘米左右，按照季节变化及水温、水质状况及时进行调整。

（4）调节 pH 值　每 15 天泼洒 1 次生石灰水，用量为 1 米水深时，每亩用 10 千克，使池水 pH 值保持在 7.5～8.5。生石灰的定期使用，既可以调节 pH 值，也可以增加水体钙离子浓度，促进小龙虾蜕壳生长。

（5）定期使用微生物制剂改善水质　池塘主养虾池，应定期地向水体中泼洒光合细菌、枯草芽孢杆菌等微生物制剂。微生物制剂的经常使用，可以促进有益微生物形成优势菌群，抑制致病微生物的种群生长、繁殖，降低其危害程度。另外，有益微生物还可以分解水中的有机废物，增加溶解氧，改善水质。

2. 水草养护

水草对于改善和稳定水质具有积极作用。虾池水草养护决定着小龙虾养殖的成败。4～6 月是小龙虾生长最快的季节，随着小龙虾不断长大，其摄食量将越来越大。此时，是小龙虾主养池塘水草养护的关键时期。实际生产中，经常出现因投饵不足，或因为特殊原因停饵 3～5 天，造成全池水草被吃光的现象。小龙虾前期生长得越好，预计产量越高，保护好水草就越重要。各种水草养护方法略有差异，简要介绍如下。

（1）沉水植物的养护　当巡塘发现虾池下风处有新鲜水草茎叶聚集时，说明小龙虾因为饵料不足而大量摄食水草。各种饵料中，小龙虾更喜欢摄食动物性饵料和人工配合饵料，因此，小龙虾因饥饿摄食大量水草时，增加人工饲料投喂量，满足小龙虾摄食需求，水草就可以得到保护。

此外，伊乐藻怕高温，水温超过 28℃ 以上时，应加高水位，保证伊乐藻顶端始终处于水面以下 30 厘米处。轮叶黑藻等春季萌发的水草，应在苗期用网将这些水草栽培区域隔离起来，防止小龙虾破坏尚处于萌发期的幼苗。小龙虾喜食苦草的地下嫩茎，应及时捞除上浮的苦草茎叶，防止这些茎叶腐败，对水质造成污染。

（2）漂浮植物的养护　在沉水植物不足或因为养护不当造成沉水植物被破坏时，应移植水葫芦、水浮莲等漂浮植物，这些植物既可以提供一定的绿色饵料，也可以起到隐蔽物的作用，高温季节，还能起到遮阴降温的作用。但繁殖过剩时，会造成全池覆盖，影响水质稳定和小龙虾生长，应将这些漂浮植物拦在固定区域或捆在一起，限制其移动，以免对小龙虾养殖造成负面影响。

3. 饲料投喂

（1）投喂次数　小龙虾池塘养殖，一般每天投喂饲料2次，时间分别为上午7:00～9:00和下午4:00～6:00。早春和晚秋水温较低时，每天下午投喂1次，时间为4:00～6:00。小龙虾夜晚摄食旺盛，因此，每天投喂2次时，傍晚时投饲量应占全天的2/3左右。

（2）日投饲量　小龙虾摄食量较大，包含青饲料在内，每天的摄食量可达体重的10%～15%。因此，池塘养殖时，当池塘适口水草充足时，人工饲料投喂量可以小些，一般为当时小龙虾体重的5%～7%，水草不足时，投喂量为7%～10%。具体投喂量，还要根据天气、温度、摄食情况进行适时增减。3～4月水温上升到10℃时，小龙虾刚开始摄食，应该投喂动物性饲料或配合饲料，投喂量为1%～3%；4～6月为小龙虾生长最旺盛的季节，投喂量为5%～7%；高温季节和晚秋，小龙虾处于夏伏或繁殖阶段，投喂量在3%～4%即可。这些投喂量仅是理论数据，日常生产上，一般是在虾池放置3～5个饵料盘，每天投喂后2～3小时检查一遍。如果3小时还未吃完，说明投喂量过大，下次投喂量应相应减少；如果2小时不到就吃完，说明投饵不足，应相应增加。天气闷热、阴雨连绵和水质恶化等会导致溶解氧水平下降，此时，小龙虾摄食量会降低，可少喂或停喂。

（3）投喂地点　小龙虾具有占地盘的习性，平坦的池塘中，小龙虾基本呈均匀分布。因此，池塘养虾时，应尽可能做到全池均匀投喂。池底不平整时，应该多投喂在岸边浅水处和浅滩处。

4. 增氧设施的使用

水中溶解氧是影响小龙虾生长的重要因素。溶解氧充足，小龙虾摄食旺盛，饲料利用率也高；溶解氧不足时，小龙虾会产生生理不适，呼吸频率加快，能量消耗较多，饲料利用率下降，生长减

缓。因此，溶解氧降低到小龙虾适宜范围以下时，应立即开动增氧设备，人为增加池塘中的溶解氧。

增氧设备应该根据水体溶解氧变化规律使用，确定合适的增氧设备工作时间，一般阴雨天和高温季节半夜开机，日出后关机，增氧时间不少于 6 小时，其他时间，以午后开机 2~3 小时为宜。

微孔增氧管或增氧盘使用一段时间后，会出现藻类附着过多而堵塞微孔的现象，应在巡塘工作中仔细观察。如果发现增氧管或增氧盘被藻类附着，应拿出水并暴晒，或经人工清洗后再用，保证所有充气管发挥作用。增氧机或罗茨鼓风机要注意保养，防止关键时刻开不了机。生产结束后，这些增氧设施应及时拆卸保养，并入库保管。

5. 定期检查，维修防逃设施

遇到大风、暴雨天气时更要注意，以免防逃设施遭到损坏而出现逃虾的现象。

6. 严防敌害生物危害

有的养虾池鼠害严重，一只老鼠一夜可吃掉上百只小龙虾，鱼、鸟和水蛇对小龙虾也有威胁。要采取人力驱赶、工具捕捉等方法尽量减少敌害生物的危害。

7. 疾病预防

池塘养殖小龙虾，密度高，投饵多，水质易恶化而导致病害。要加强巡塘检查，发现不摄食、活动弱、附肢腐烂、体表有污物等异常情况时，要抓紧作出诊断，迅速施药治疗，以减少养殖损失。

8. 做好池塘管理日志

工作人员应将早晚巡塘、水质监测、生长监测、投饲量、捕捞销售等日常管理情况详细记录，并根据养殖规律，及时制订下一步管理计划，实现有的放矢的养殖管理。

第二节
虾、蟹混养模式

小龙虾和河蟹都是底栖的甲壳类动物，具有很多相似之处，两者食性基本相同，都有强而有力的大螯，都要蜕壳才能生长，都有较强的攻击行为；但也有不同之处。虾、蟹混养就是利用这些不同之处，在不影响河蟹养殖效益的前提下，增加小龙虾产量，获得更高的经济效益。现将该模式的原理和技术要点介绍如下。

一、虾蟹混养的科学依据

1. 河蟹和小龙虾的适宜生长期不同

河蟹个体较大，养殖前期，生长相对较慢，3月放养，4～6月水温较低，一般只能蜕壳2～3次，个体一般在30～50克。此时的河蟹，摄食量小，活动范围少，还围养在池塘较小的范围内，其他水面正在生长水草。小龙虾在这个阶段则生长最快，如果提前做好苗种放养工作，经过2个多月的养殖，小龙虾可以蜕壳5～8次，达到30～60克的规格，这样规格的小龙虾已达上市规格，市场售价在此时也是全年最好的。因此，蟹池套养小龙虾可以充分利用蟹池的时间和空间，在基本不影响河蟹养殖的前提下，额外增加小龙虾的养殖收入。

2. 小龙虾和河蟹的捕捞时间及销售季节不同

河蟹只有在生殖洄游季节才离开栖息地活动，其他时间即使池塘有地笼等捕捞工具，河蟹进入地笼的比例也很小，这就为春夏季小龙虾的捕捞提供了便利。河蟹的销售季节为中秋之后的2～3个月，而小龙虾的销售季节为5～9月，价格最高的时间段为4～6月。因此，在混养模式下，河蟹、小龙虾捕捞和销售基本可以做到互不影响。

3. 虾蟹混养的关键措施

虾蟹混养技术成功的关键在于如何充分利用两者的优势，尽可能地避免同位竞争造成的负面影响。具体包括以下几个方面。

① 提早开展小龙虾苗种繁育。4月中旬前，小龙虾苗种规格尽量达到3厘米以上。专池繁育和室内工厂化育苗，可以很好地解决这个问题。

② 严格控制小龙虾养殖密度，尽量做到计划放养。

③ 规划好虾蟹混养的养殖侧重点，按计划分别开展虾蟹生产。

一般先养虾，后养蟹。开春后，水温达到 9℃ 以上时，即开始投喂饲料，使小龙虾有充足的饵料，以保护水草生长。5 月初开始捕虾销售，6 月底或 7 月初基本完成小龙虾捕捞工作。捕捞起来的小龙虾，不论大小，不能回池，这是控制后期小龙虾在池数量的关键。在开展小龙虾养殖的同时，3～5 月将河蟹围养在池塘水草栽培效果较好的区域，进行强化培育。小龙虾基本捕完后，拆除围网，专心开展河蟹养殖。此时，池中仍有小龙虾，继续开展捕捞，但要做到捕虾不伤蟹。

二、池塘准备

河蟹池塘套养小龙虾，以河蟹养殖为主，小龙虾养殖为辅。主要包括以下步骤。

1. 认真清整消毒

每年的 10～11 月，河蟹起捕结束后，立即将水排干，清除所有鱼、虾等养殖动物，暴晒 10～15 天，然后用生石灰清塘，杀死全部敌害生物。

2. 围蟹种草

将蟹池用加厚聚乙烯网片或薄膜分隔成蟹种暂养区和水草栽培区。暂养区在池塘清整后随即移植伊乐藻，水草栽培区在蟹种放养前后种植水草，主要是伊乐藻、轮叶黑藻、苦草等。春季蟹种放养时，暂养区内已长满伊乐藻，蟹种放入后，既缩小蟹种活动范围，便于精养细喂，又能防止蟹种取食水草栽培区内刚萌发的水草嫩芽。长江流域 5 月底、6 月初时，水草已全部长至 30～50 厘米（此时，小龙虾捕捞工作也基本结束），拆除围隔，开展养蟹工作。

3. 移植螺蛳

蟹种下塘后，移植活螺蛳 150～200 千克/亩，5～6 月再增加投入活螺蛳 150～200 千克/亩。投入的螺蛳既可以繁育小螺蛳，扩大种群数量，为虾蟹提供活饵，也可以起到净化水质的作用。如果蟹池还套养鳜鱼，可在 6 月上旬套养鲫鱼夏花 800～1000 尾/亩，为鳜鱼准备适口的饵料。

4. 培肥水质

具体方法在第三章第一节池塘主养小龙虾模式中已有详细叙述，在此不再介绍。通过培肥水质可以保持透明度在 40～50 厘米，还可以为虾、蟹提供天然饵料，防止池水过清而产生丝状藻类。

三、苗种选择与放养

1. 小龙虾苗种繁育和放养

蟹池套养小龙虾，小龙虾计划产量不高，一般亩产不超过 75 千克，因此，小龙虾苗种人工放养数量在 3000～4000 尾/亩。苗种一般选择工厂化繁育或专池繁育的虾苗，这样可以精确放养和计数。小龙虾苗种放养方法同池塘主养模式中叙述的一致。

2. 蟹种选择与放养

（1）品种选择　不同水系的河蟹种群，其生长具有明显的区域性，一般不建议移植不同水系的蟹种，长江、淮河流域应选择长江水系的蟹种较为适宜。

（2）规格　蟹种要求体色正常，体质健壮，活动敏捷，附肢完整，色泽光洁，规格均匀，规格以体重 5～12 克/尾为宜。

（3）放养时间　池塘养蟹一般不宜放养过早，否则，会因为池塘水温过低而冻伤或冻死河蟹。套养小龙虾的池塘更应该相对晚放。长江中下游地区，池塘放养时间一般以 2～3 月为好。

（4）蟹种消毒　将蟹种放入水中浸泡 2～3 分钟，冲去泡沫，提出放置片刻，再浸泡 2～3 分钟，重复 3 次，待蟹种吸足水后，用 3%～5% 的食盐水药浴 15～20 分钟，药浴期间要保持不间断充气，然后再分散放入围隔暂养区。

（5）数量　池塘养成蟹，一般要求雄蟹规格达到 200 克以上，雌蟹规格达到 150 克以上。因此，应采取"养大蟹"的放养模式，通常 500～700 尾/亩，每平方米不超过 1 尾。

四、饲料与喂养

小龙虾与河蟹同属甲壳动物，生产上采用相同的饲料即可，不过应该根据生产侧重点和不同的生长阶段选择恰当的饲料。池塘养蟹采用的饵料一般比较多样，植物性饵料主要有南瓜、甘薯、煮熟的玉米、小麦、蚕豆等，另外还有伊乐藻、轮叶黑藻等水草；动物性饵料主要有新鲜的野杂鱼、螺蛳、河蚌肉等。如果选用颗粒饵料，其蛋白质含量应在 38% 左右（养殖前期高些，后期低些），并添加蜕壳素、胆碱、磷脂等添加剂，黏合剂品种和数量应满足制成的颗粒饵料在水中的稳定性达到 4 小时以上。

河蟹养殖过程中，水温超过 30℃ 时，河蟹新陈代谢快、摄食量大，如果蛋白质含量过高，容易营养过剩，造成性早熟。因此，河蟹养殖期间的饲料要采用"精、粗、荤"的方式进行安排。3～6 月，投喂的饲料一般以配合饲料为主，饵料鱼作为补充，总投饵量为体重的 1%～3%；7～8 月，饵料要粗，以池塘中植物性饲料为主，少量投喂精饲料，投喂量为体重的 5% 左右；8 月底后，以动物性饲料为主（不低于投喂量的 60%），投饵量为体重的 5%。

虾蟹混养模式中，小龙虾养殖的主要阶段正是河蟹养殖的前期，以人工配合饲料为主，既可以满足小龙虾的饵料需求，也符合早期河蟹的营养需求。

五、日常管理

1. 早期（6 月底前）的日常管理重点

（1）水草栽培　虾蟹混养模式中，应尽可能地提早开展池塘清整消毒、水草栽培工作，尤其是伊乐藻，最好在上一年的 10 月中旬前完成栽培。早期，伊乐藻栽培面积占全部水面的 60% 左右；4 月后，水温适宜时再开展其他品种的水草栽培；7 月后，伊乐藻面积占水面的 30%～40%，其他品种水草占 30%～40%。

（2）螺蛳移植与饲料投喂　螺蛳移植是保证河蟹健康与品质的重要举措。螺蛳的移植是否能取得成功，要注意两点：一是量足，全年每亩移植量要达到 300～400 千克，最好移植 2～3 次，春季螺蛳产卵前移植效果最好；二是就近移植，螺蛳以本地产最好，就近捕捞的螺蛳活力好、饱满，移植成活率高。

虾蟹混养池塘的前期饲料投喂的重点对象是小龙虾，人工配合饲料为主，适当搭配饵料鱼等动物性饵料的投喂模式可以很好地满足虾、蟹需要。其中，饵料鱼主要喂养围隔内的蟹种。具体投喂时还要注意以下三点：一是早喂，水温10℃以上时，即可开始投喂，早开食，既可以满足虾、蟹生长需要，也可以防止小龙虾破坏正在萌发的水草嫩芽；二是量足，5～6月的小龙虾食量大，对水草的破坏性也大，足量投喂，可防止小龙虾对水草的过度破坏，确保后期河蟹养殖有良好的生态环境；三是饵料当中适当添加蜕壳素等微量元素，预防蜕壳不遂和软壳，提高蜕壳成活率，以确保虾、蟹规格。

（3）水质调节与青苔预防　虾、蟹混养前期，水质调节以适度肥水为主，一般分2次进行。第1次是在池塘清整消毒后，以有机肥作为基肥，既能满足水草的生长，也能培育虾蟹苗种早期的天然饵料。第2次是虾苗放养后，泼洒豆浆和腐熟有机粪肥，培养枝角类等饵料生物。施肥量要根据水色灵活掌握。水色太浓，光线无法照射到池底，水草会因无法进行光合作用而影响生长；水质过于清瘦，不仅饵料生物少，也易滋生青苔，应加大施肥量。当青苔已经滋生甚至蔓延时，应立即杀灭青苔，并用腐熟有机肥降低水体透明度。

5月中旬开始，随着小龙虾个体增大，饲料投喂量也越来越大，水草、螺蛳生长良好的情况下，水色一般不会过浓。但池底因为粪便、残饵不断积累，底质逐渐恶化，应注意底质改良工作。此时，一般开始定期使用芽孢杆菌等底质改良剂，防止底部溶解氧不足引起水草烂根漂浮和氨氮、亚硝酸盐浓度升高。

（4）小龙虾捕捞　6月初，经过春季喂养，大部分小龙虾已经达到上市规格，可以开始捕捞小龙虾。为了减少小龙虾对后期河蟹养殖的影响，捕捞小龙虾无需"捕大留小"，所有虾全部上市销售，或者将未达到上市规格的小龙虾集中放入其他非河蟹养殖池塘继续养殖。能否在7月底前将小龙虾基本捕捞干净，直接影响到河蟹的后期成活率，这是虾、蟹混养取得高效益的重要保证。小龙虾捕捞

结束后，尽快将河蟹围隔解除，开展河蟹养殖。

2. 高温季节日常管理

进入 7 月后，小龙虾基本捕捞结束，河蟹养殖进入关键时期，此时水温逐渐升高，河蟹活动频繁，食欲大增，是河蟹生长的最好时机。水体中各种生物也都进入了生命代谢最旺盛的时期，加上水体中营养物质的大量积累，水质和塘底极易恶化，透明度下降，水色过浓，氨氮、亚硝酸盐、硫化氢等理化因子超标，水草根部腐烂，水草漂浮或死亡。因此，加强高温期的管理，调水改底、保根护草、保溶解氧是这段时间河蟹养殖日常管理的关键。

（1）水质管理　高温季节，河蟹池水质要求溶解氧保持在 5 毫克/升以上，透明度 40 厘米以上，pH 值在 7.5～8.5，真正达到"清、新、嫩、爽"。调节水质的同时，还须调控水位，以防水温过高，影响河蟹蜕壳生长。

（2）水草管理　高温季节，伊乐藻因高温生长受限，养护不当，会造成大批死亡，应及时捞除上浮水草；水位偏低、水草较少的塘口，应及时设置水花生带，以遮蔽强光，降低水温，确保河蟹的正常蜕壳和生长。

（3）合理投喂、育肥增重　高温季节，饲料投喂，以小麦、甘薯、南瓜等植物性饲料为主，每周投喂 1～2 次冰鲜鱼等动物性饲料。要根据天气、塘口等实际情况，适时调整投饲量。8 月下旬，水温降至 28℃以下时，逐渐增加动物性饵料或高蛋白质饲料的投喂比例，开始促长、育肥。

3. 秋季的日常管理

进入秋季，天气逐渐凉爽，气温、水温适宜，大部分河蟹开始生殖蜕壳，也是最后一次蜕壳，管理措施是否恰当，直接影响到河蟹最终的规格和产量，是河蟹养殖管理的关键时期。

（1）注重水质调节，保持良好水质　经过几个月的养殖，池塘中的粪便、残饵等废物越来越多，要保持水质良好，必须注重水质调节工作，继续定期使用光合细菌、芽孢杆菌等微生物制剂与生石

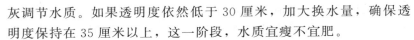

灰调节水质。如果透明度依然低于 30 厘米，加大换水量，确保透明度保持在 35 厘米以上，这一阶段，水质宜瘦不宜肥。

（2）加大动物性饲料投喂量，促肥长膘　9 月河蟹投喂主要以精饲料为主，动物性饲料占 60%，植物性饲料占 40%，每天投喂量是蟹体重的 8%～10%，以投饵后 2 小时基本吃完为准。为了改善河蟹体内环境，提高消化率和免疫力，饲料中可以添加 0.5%～1% 的酵母菌等微生物制剂。

（3）注重早晚巡塘　入秋以后，昼夜温差大，河蟹性成熟后，要开展生殖洄游，极易上岸外逃，此时要坚持每天早晚巡塘，注意河蟹有无外逃现象，勤维修保养防逃设施。养殖后期，少换水，保持水位稳定；保持环境安静，减少因日常管理活动对河蟹摄食、蜕壳过程的干扰。

4. 适时捕捞销售

河蟹的捕捞，一般在性成熟（已完成生殖蜕壳）的比例占 80% 左右时开始，一般在 10 月中下旬进行。捕捞河蟹时，进入捕捞工具内的小龙虾也全部移出蟹池。

第三节
虾、蟹、鳜混养模式

在虾蟹养殖池中，野杂鱼的泛滥是造成养殖失败的重要原因之一，混养鳜则可以有效控制野杂鱼的数量，使野杂鱼的危害降至最低。

一、池塘准备

1. 池塘条件

池塘邻近水源，要求水源充沛，水质良好，排灌方便。池塘面积以 5～10 亩为宜，长方形，池底平坦，水深 1.2～2 米，池塘宽

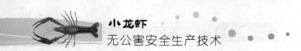

3米，坡度1:3。沿池塘四周开挖环沟，沟宽1.5～3米、深0.8米。新开挖的池塘需适量施肥，老塘淤泥较厚，应清除并晒塘。要求池塘无渗漏，有较好的储水性和保水性。池塘四周应建立防逃围栏，防止蛇、鼠、蛙等敌害生物侵入。

小龙虾的养殖产量主要由可供栖息的池塘底部面积和斜坡面积大小决定，水体容积对产量的影响较小，因此，若在池塘中每隔8～10米建一小池坡，则可以扩大小龙虾栖息的面积。

2. 防逃设施

池塘四周用厚塑料薄膜或网片构建防逃围栏，围栏高出地面40厘米，另有20～30厘米埋入土中，间隔2米用木桩或竹桩固定。

3. 池塘消毒

池塘消毒时可用生石灰、漂白粉或茶粕杀灭黄鳝、鲇、乌鳢等肉食性鱼类，常用的方法如下。

（1）生石灰消毒　每亩养殖水面用生石灰75千克，加水乳化后全池泼洒，7天后即可注水。

（2）漂白粉消毒　将漂白粉完全溶化后，全池均匀泼洒，用量为20～30千克/亩。

（3）茶粕清塘　茶粕用量为10～25千克/亩，先将茶粕用水浸泡2～3天，浸泡时加入5%的食碱以提高有效成分浸出效率，取浸出液全池泼洒可杀灭池中的野杂鱼。

4. 水草种植

水草是小龙虾生长过程中不可缺少的植物性饵料，在缺少水草的水域中小龙虾生长慢，死亡率高，养殖成本高，因此，养殖小龙虾的首要任务是种草。在水草茂盛的池塘中，水草除了有饵料功能外，还有净化水质的功能、隐蔽物功能、增氧功能和遮阴降温功能。水草正常生长的池塘通常会有较好的养殖生态，良好的生态可促进小龙虾生长，成活率、养成商品虾质量和养殖产量都会有较大的提高，商品虾肉质鲜美、品质优良，有利于品牌的创建和销售价格的提高。

混合种植水草的效果优于种植单一品种的水草，常见的品种有伊乐藻、轮叶黑藻、苦草、马来眼子菜、菹草、金鱼藻、水浮莲、浮萍、野菱、水花生、芦苇和蒲草等，不同的水草有不同的生长特性和作用，混合种植水草可以营造出更佳的生态效果。

池塘中水草的覆盖率以 60% 左右为宜，不然在 7～9 月高温季节，过高的水草覆盖率在夜间会大量消耗水中的氧气，并会影响上下层水体的交换，从而易导致池底缺氧；过低的水草覆盖率，不利于养殖生态的稳定和小龙虾的生长。水草过少，夜间小龙虾会集居在池边或爬上池埂，并会伴随大批成虾死亡现象的发生和养殖产量的降低。

水草除了在池塘四周浅水区种植以外，还应以点状分布的方式移栽至池塘中央。水草种植时水深以 20 厘米为宜，过深或过浅均不适合水草的发芽或生长。

伊乐藻在 11 月至翌年的 3 月前移栽，每簇水草的间距以 2 米×2 米为宜，每亩池塘的伊乐藻移栽量为 20～30 千克。水花生在 3～4 月移栽至池塘四周，呈条带状分布，移栽时应将水花生干种在泥土中，以确保水花生在小龙虾残食下仍有较强的生命力。水花生栽种 20～30 天后可少量注水，水的深度由水草的生长速度决定，每次注水量以水草不露出水面为准。轮叶黑藻和苦草分别在 2～3 月播种，轮叶黑藻芽孢的用量为 5 千克/亩，苦草种子的用量为 150 克/亩，使用时以 1：20 的比例拌泥均撒。

5. 投放螺蛳

河蟹喜食螺蛳，在 4 月底前，每亩投放螺蛳 200～300 千克，以促进河蟹的生长。

二、苗种放养

1. 蟹种（扣蟹）放养

蟹种放养前，在池塘的环沟内用网围拦一块占池塘总面积 1/5～1/3 的环沟作为蟹种暂养区，2 月底至 3 月初将蟹种放入暂养区培育到 4 月底至 5 月初，待池塘中的水草长成群落及螺蛳大量繁

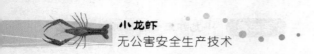

殖后再拆除暂养区的围栏，让蟹种进入大池中觅食。

蟹种放养密度为 800～1200 只/亩，规格为 120～200 只/千克，要求放养的蟹种规格整齐，附肢齐全，无病害和有较强的活力。

2. 种虾放养

小龙虾种虾应当提前一年放养，即在前一年的 8～9 月向养殖池环沟的虾种暂养区中投放亲虾 20～30 千克/亩，若沟中自繁的虾苗数量较多，则不再投放亲虾，以免虾苗密度过高导致河蟹成活率大幅度下降。

3. 幼虾放养

第 1 年混养小龙虾的蟹池需要放养幼虾，翌年捕捞结束后池塘中必定会有虾苗遗留，因此无需再补放幼虾。幼虾一般在 4～6 月投放，投放的规格为 140～350 尾/千克，每亩投放数量为 2000 尾左右。

4. 鳜鱼放养

5～6 月，每亩养殖水面套养 5～8 厘米的鳜鱼苗 30～50 尾。鳜鱼苗不能太小或太大，规格过小的苗种捕食能力差，成活率不高；但放养体长超过 10 厘米以上的大规格鳜鱼苗，易对蜕壳的幼虾和幼蟹造成危害。

5. 其他鱼种的放养

养殖池中搭养适量的鲢、鳙鱼种有利于水质调控。鲢、鳙鱼种的放养数量为 30～60 尾，规格为 10～20 尾/千克，放养时间为 2～5 月。

三、日常投喂与管理

1. 饲料投喂

池塘中的水草、底栖生物等是虾、蟹喜食的天然饵料，但数量有限，在养殖过程中，仍需人工补充人工饵料。人工饵料主要有小杂鱼、麦子、豆粕、玉米、颗粒饲料、螺蛳和蚬子等。3～6 月以投喂小杂鱼和颗粒饲料等为主，7～8 月是一年中气温较高的季节，应减少动物性饵料的投喂量，此时可增加麦子、玉米等植物性饵料的投喂比例。9～10月以投喂动物性饵料和颗粒饲料为主，以满足河蟹育肥的营养需求。投喂的动物性饵料应确保新鲜未变质，以免污染水质和引发病害，搭配的植物性饵料应充足供应。4～6月每天投喂2次人工饵料，7～9月每天投喂1次或隔天投喂1次，10月每天投喂2次，上午投喂量为全天投喂总量的30%，傍晚投喂70%；颗粒饲料与动物性饵料也可采用隔天或隔餐交替投喂，投喂时应避开草丛和环沟，投喂量以第2天无剩余为准。过饱投喂不但浪费饲料，而且易污染水质和底质，养殖过程中虾蟹死亡率偏高大多与投喂量把控不严有关。

2. 水质和底质管理

清新的水质是虾蟹养殖必须具备的条件，在饲养期间，水中的溶解氧不应低于4毫克/升，氨氮不高于1毫克/升，亚硝酸盐不高于0.1毫克/升，pH值为7.5～8.5，水体透明度大于30～50厘米，生长水温以15～28℃为佳。3～5月池塘水深控制在0.3～0.5米，6月后逐步加深水位。高温季节，池塘水深保持在0.8～1.5米。水草的覆盖率不应低于60%，适度控制水草的长势可确保水草不发生腐烂。每月换水1～2次，每次10～20厘米。当池塘水质变差时，应及时换水或泼洒生物制剂改善水质。

四、捕捞

体重40～50克的小龙虾对河蟹残杀率较高，当蟹池中出现大量的小龙虾时必须加强捕捞，控制池塘中成虾密度是关系到养殖成败的重要技术措施，只有在6月底之前起捕池中80%～90%的小龙虾，才能确保河蟹的成活率不低于50%，或者说该模式只有及时起捕达到30～35克/尾的小龙虾，才能确保主养的河蟹有较高的成活率和养殖产量。

小龙虾和河蟹捕捞目前大多采用地笼诱捕，地笼中投入少量的小杂鱼块可使捕捞效率得到较大的提高。

第四节
养鳝池塘套养小龙虾模式

　　黄鳝是深受消费者喜爱的水产品，其价格始终较为坚挺，因此，农民的养鳝热情较高。水源条件较好的湖北省江汉平原地区特别适合网箱养殖黄鳝，并成为该地区转变经济增长方式和农业增收、农民致富的重要途径。但网箱养鳝的池塘利用率只有30%～40%，多数时间养殖水体是闲置的，而且养鳝的网箱是置于池塘的深水区，多数水面被空置，在养鳝池中混养小龙虾则可以发掘池塘的生产潜力，提高水面的利用率和养殖效益。

　　虾鳝混养的技术方案是，6月底至7月上旬在网箱中放养鳝苗，在此之前池塘主要用于养殖小龙虾，待鳝苗投放后，就进入了虾鳝混养的阶段。也就是说，在鳝苗尚未投放之前可以在池塘中套养一茬小龙虾，鳝投放后池塘中既养虾，也养鳝，只是黄鳝的生长空间被限定在网箱内，小龙虾生长在网箱外的整个池塘中，因此虾苗的活动空间较大，密度适中，成活率较高，生长也较快。该养殖方式是一种在养鳝池塘中养殖一季鳝、两季虾的高效生态模式，非常适合在天然鳝苗资源较丰富的地区推广应用。

一、小龙虾养殖

　　1. 清塘消毒

　　每年10～12月待黄鳝收获后，将池水降低至20厘米，用茶粕清池消毒，杀灭野杂鱼。茶粕用量为25千克/亩，使用前先浸泡2～3天，浸泡时按5%的比例加入食碱，以提高有效成分的浸出率，使用时取浸出液稀释后全池泼洒即可。

　　2. 水草种植

　　在池底种植沉水植物（如伊乐藻、轮叶黑藻和苦草等），在池塘四周种植漂浮植物（如水花生和浮萍等），在池塘中央种植挺水植物（如蒲草等），为小龙虾生长提供良好的生态环境。

3. 亲虾或虾苗投放

每年 8～9 月，每亩池塘投放亲虾 20～25 千克，或 4～5 月每亩投放 3 厘米的幼虾苗 6000～10000 尾。

4. 饲养管理

4 月初开始对小龙虾进行投喂。小龙虾虽属杂食性动物，但更喜欢摄食小杂鱼、水蚯蚓、摇蚊幼虫以及水草和麸皮等。饵料通常投喂在池塘四周的浅水区，每天早晚各投喂 1 次，投喂量为存池虾总量的 1%～5%。

5. 小龙虾捕捞

4 月上旬，用地笼起捕体重达 30 克/尾以上的个体，捕捞至 6 月中旬暂停 1 个月，同时补放少量幼虾，补放量为起捕量的 30%。7 月中旬开始捕捞第二批虾，至 8 月中、下旬停止捕捞，留下部分成虾用作虾苗繁殖的亲虾，为翌年养殖准备苗种。

二、黄鳝养殖

1. 网箱设置

池塘的水深为 1.8～2 米，将网箱按每亩 40 箱标准设置在池塘中，网箱规格为 4 平方米（2 米×2 米），箱高 2 米，以便于操作。箱与箱的间距为 1.5 米，顺池边排放，但距池埂应保持有 1.5 米的间隔区，以便于投饵和日常管理。在池塘中按 2 米的间距打下竹桩，竹桩上用铁丝相连以挂设网箱，网箱四角固定在铁丝上，绷紧后使网箱悬浮于水中。箱底有地锚和沉子，以确保网箱空间的最大化。

网箱的设置时间为 5 月下旬或 6 月初。网箱在放苗前应先在水中浸泡 15 天，待有害物质挥发后再投放鳝苗。网衣由 30 目的聚乙烯网片制成，网箱无框架，上口敞开，网箱上纲外侧缝有 25 厘米宽的塑料薄膜，防止敌害生物侵入。

网箱内移植水花生，水花生的覆盖面积占箱体的 2/3。鳝苗放养前 3～5 天，对箱内水花生及水体进行消毒，常用的消毒剂为漂白粉，浓度为 1～2 毫克/升。

2. 鳝苗投放

鳝苗主要来源于当地黄鳝苗种场，规格在 50 克/尾左右。要求体质健壮，规格整齐，体表无伤病。购入野生鳝苗应注意鳝苗的活力，防止劣质鳝苗混入。

6～7 月待网箱内水草成活后，便可放养鳝苗。放苗时应选天气连续晴好的上午，放养量为 2 千克/米²。

为提高鳝苗成活率和预防疾病，鳝苗放养前应进行消毒。消毒方法：用 3%～4% 的食盐水浸洗鳝苗 3～5 分钟即可。

3. 黄鳝投喂

黄鳝喜食动物性饵料，辅以少量植物性饵料。饵料投喂要定时和定量，每次投喂后以 15 分钟内基本吃完为宜。常用的饲料如下。

① 鲜活小杂鱼，投喂量为黄鳝体重的 5%～6%，投喂前应注意对饵料鱼的漂洗。

② 鲜鱼或冻鱼绞成鱼糜进行投喂，投喂量为黄鳝体重的 5%～6%。

③ 投喂蚯蚓、河蚌肉、动物下脚料，麦麸、浮萍和颗粒饲料，投喂量以 2%～4% 为宜。

④ 用大平二号蚯蚓打浆后与颗粒饲料拌和后投喂，投喂量为 2%～3%。

⑤ 投喂膨化颗粒饲料，投喂量为 2%～3%。

投喂前需先进行驯食，即逐步增加膨化饲料的比例，降低小杂鱼的比例，使黄鳝的食性逐步向摄食膨化饲料过渡。

4. 水质调控

保持水质清新，透明度为 40 厘米以上，pH 值 7.0～8.5。养殖期间每隔 10～15 天注水 1 次，每次 10 厘米，达到极高水位时（1.8～2.0 米）开始换水。每 15 天换水 1 次，每次更换 1/5～1/4。要求水体的溶解氧在 4 毫克/升以上，当水的 pH 值低于 7 时可泼洒生石灰进行调节，用量为 5 千克/亩。

5. 日常管理

坚持白天和夜晚巡塘制度，及时了解小龙虾和黄鳝的摄食、生长情况。经常检查网箱中的水位，防止箱体被淹或入水过浅，发现网箱破损应及时修补。养殖过程中调控水草长势，对于长出水面的水草应及时刈割，防止水草腐烂。应定期检查进、排水的滤网，防止滤网破损发生小龙虾外逃或野杂鱼入侵。

根据天气变化情况灵活调节投喂量，晴天多喂，雷雨或闷热天少喂或停喂。7～9月为高温季节，要防止发生缺氧的事故，必要时可安装增氧机增氧，同时增加晚间巡塘次数，防止发生意外。正常的天气可在午夜1时至日出前开机增氧，阴雨天全天开机，晴天14:00开机1小时，可减轻夜间的缺氧状况，发生黄鳝或虾苗浮头应及时换水。

6. 病害防治

虾鳝共养时的病害发生率较低，但养殖过程中仍需坚持预防为主的原则。除了鳝苗投放前进行药浴外，每月应全池泼洒1次聚维酮碘进行消毒，用量为每亩水面1米水深时用300～500毫升，以预防细菌性疾病。黄鳝每隔10～15天，在饲料中拌肠虫清预防寄生虫病。

7. 收获上市

规格为50克/尾的鳝苗经过5个多月的饲养，养成规格达150～200克时即可捕捞上市。捕捞方法比较简单，将蚯蚓等诱捕饵料放进用竹篾编织的黄鳝笼，傍晚置于网箱中，第2天清晨便可收笼取鳝。

第五节
小龙虾稻田养殖

稻田饲养小龙虾，是利用稻田的浅水环境，辅以人为措施，既种稻又养虾，提高稻田单位面积生产效益的一种生产形式。稻田养殖小龙虾可有效利用我国农村土地资源和人力资源，可使稻田少施化肥、少喷农药，发展稻田养虾不仅不会影响水稻产量，还会促进水稻增产，具有投资少、见效快、操作较宽泛的特点，是值得推广的一种养殖方式。稻田养虾实际上是从稻田养鱼的基础上衍生而来的。小龙虾比鱼类更能适应浅水环境，对水质和饵料的要求不高，稻田中动物、植物的腐殖质、杂草，甚至害虫都是其可利用的良好饵料，稻田养虾实际上也是一种生态养殖模式。稻田养殖小龙虾（彩图 22）有两种方式：一是小龙虾与水稻共生养殖；二是小龙虾与水稻的轮作养殖。

一、小龙虾与水稻共生养殖

1. 稻田块的选择和改造

进行小龙虾与水稻共生养殖对稻田块的要求：水源要充足、排灌方便、雨季不淹、旱季不涸；水质清新无污染，pH 值在 7.0～8.5；土质以选择保水能力强、肥力高的壤土或黏土为好；稻田四周应开阔，光照充足。

对于选择好的稻田块要进行基础设施改造，包括以下几个方面。

① 加高加固塘埂。田埂高度要求 50～80 厘米，宽为 50 厘米，田埂基部加宽到 1～1.5 米。

② 进、排水口和防逃设施设置。养虾稻田的进、排水口一般设在稻田相对两角的田埂上，可使田内水流均匀、通畅，便于水体交换。进、排水口的宽度根据田块大小以及进、排水量决定，一般进水口宽为 30～50 厘米，排水口为 50～80 厘米。为防止田中虾的逃逸，在田埂四周用石棉瓦营造防逃设施。

③ 开挖虾沟。虾沟由环边沟、田间沟及暂养池组成。主要有环沟边式和沟池式两种类型。这里主要介绍环沟边式：沿田埂内侧四周开挖宽 2～5 米、深 70～100 厘米的环形沟，再在田间开挖3～5 条田间沟。田间沟宽 1～2 米、深 60 厘米，并与环形沟相同。

田间沟可挖成"十"字形、"井"字形，也可不挖田间沟，让小龙虾直接从环形沟进入稻田。环形沟、田间沟可占整个稻田面积的15%～20%。

2. 放养前的准备

小龙虾种苗在入田之前要做好以下准备工作。

（1）清沟消毒　在虾种放养前10～15天对虾沟进行清沟消毒。清理环形沟和田间沟中的浮土，修正垮塌的沟壁。每亩稻田的养虾沟用50～75千克生石灰兑水化开全池泼洒，以杀灭野杂鱼类、敌害生物和病原菌等有害生物。待毒性消失后，即可进水。进水口要用筛绢封好，筛绢网袋（60～80目）长约1.5米，以防网袋被水冲坏，导致野杂鱼进入。

（2）注水施肥　放苗前7～10天，往田沟里注水50～80厘米，然后施肥培育饵料生物。一般每亩施复合肥50千克，碳铵60千克；但如果有农家肥，最好施用发酵后的农家肥，每亩用量为1000～2000千克，一次施足。

（3）种植水草、放养螺蛳　稻虾共生养殖模式中，一般还需在虾沟内种植轮叶黑藻、马来眼子菜等水生植物，为虾苗提供一个良好的栖息生长环境，但要控制水藻的面积，一般水草占渠道面积的30%左右，以零星分布为好，不要聚集在一起，以利渠道内水流畅通无阻，能及时对稻田进行灌溉。同时还可放一部分螺蛳，让其自然繁殖，为虾提供适口的天然饵料。

（4）栽插水稻秧苗　水稻应选用耐肥力强、茎秆坚硬、不易倒伏、抗病害、产量高的品种，从而尽量减少水稻在生长期间的施肥和喷施农药的次数。水稻田通常在5月翻耕，6月初开始栽插。秧苗先在秧畦中育成大苗后再移栽到大田中。移栽前的2～3天，要对秧苗普施1次高效农药。通常采用浅水移栽、宽行密株的栽插方法，并适当增加田埂内侧虾沟两旁的栽插密度，发挥边际优势。

3. 苗种放养

苗种有当地收购和从外地买两种来源，虾苗规格为150尾/千克，放养密度为1万尾/亩，放养时间为5～6月。在放养小龙虾时，要注意虾苗的质量，同一田块要放同一规格的苗种，而且放养时要一次放足。从外地购进的虾种，采用干法运输时，因离水时间较长，有些虾甚至出现昏迷现象，因此放养前应将虾种在田水内浸泡1分钟，提起搁置2～3分钟，再浸泡1分钟，如此反复2～3次，让虾种体表和鳃腔吸足水分后再放养。同时可套养少量的白鲢和花鲢。放养时，要先进行试水，试水安全后，才能投放虾苗。

4. 管理

（1）稻田管理　稻田管理主要有施肥、除草治虫、烤田等。移栽前施足基肥，翻耕时施入，秧田在拔秧前喷施锐劲特农药除好害草，减少移栽后大田用药。移栽后，前期保持10～15厘米的水位，促进分蘖和减少稻苗基部害虫，同时用黑光灯引诱杀灭害虫，并由农技植保员定期做好大田虫情调查。根据田块虫情减少除虫次数，从移栽到收割时间段内，减少到仅3次用药（一般的除虫用药为8次）。喷药方法采用细喷雾，即重点治叶面害虫，最后一次用药时，降水排干稻田水后再用药，所选择的农药应该是对鱼、虾不敏感、危害小的农药。

另外，为了保证虾的生长觅食，要妥善处理虾、稻生长与水的关系，平时保持稻田田面有5～10厘米的水深。烤田时采取短时间降水轻搁，水位降至田面露出水面即可。

（2）虾的养殖管理　小龙虾为杂食性动物，尤其喜欢吃动物性饲料，因而对小龙虾的饲料投喂应坚持"荤素搭配，精粗结合"的原则。在充分利用稻田天然饵料的同时，还应多渠道开辟人工饵料来源，实行科学投饲，使小龙虾吃饱吃好。虾苗放养后的管理主要做好几个方面。

① 充分利用稻田的资源优势，搞好天然饵料的培育。采取施足基肥、适量追肥等方法，培养大批枝角类、桡足类等大型浮游动物以及底栖生物、杂草嫩芽等。在4～5月应在每亩稻田中增投200～400千克的螺蛳等，为虾苗提供优质适口的天然饵料。

② 按照不同季节和小龙虾的不同生长发育阶段，搞好饵料组合。在5～6月放养虾苗虾种时，由于气温、水温偏低，小龙虾个

体较小，捕食能力不强，此时饲料的投喂应以精料为主，并采取少量多次的投喂方法。饵料的主要种类有小鱼、小虾或豆饼、小麦、玉米等，也可投喂幼虾配合饲料。7～9月是小龙虾摄食的高峰期，也是增加体重的生长旺季，投喂的饲料则以青料为主，适量搭配一些动物性饵料。此时应多喂水草、南瓜、山芋等青绿饲料，辅以小杂鱼、螺蛳等动物性饵料。10月是小龙虾准备产卵越冬的季节，体内需要积累大量营养物质，因而投喂的饲料又应以精料为主。

③ 根据小龙虾的生活规律实行科学投喂。一般日投饲量为存塘虾体重的5％～8％，每天投喂2次。饲料的投喂方法应坚持定质、定量、定时，多点投喂，使所有小龙虾都能吃到，并根据季节、天气、水质变化以及它的吃食活动情况，适时调整投喂量。要求饲料新鲜、适口、营养均衡，不用腐败变质的饵料，以免影响水质，导致小龙虾发病。饲料的投喂以傍晚的那次投喂为主，一般傍晚投喂量应占全天投喂量的60％～70％。

二、小龙虾、水稻轮作

在长江中下游地区等气候相对温暖的地方，许多临近湖泊、河流的低洼稻田，一年只种一季水稻，9～10月稻谷收获后，稻田一直被浅水覆盖，小麦等耐寒怕涝植物无法种植，这些田块一般都要空闲到翌年的5～6月，土地资源浪费严重。而利用冬季闲置的低洼稻田养殖小龙虾，可以使水稻和小龙虾错开季节，连续使用稻田的土地资源。现将该模式介绍如下：

1. 稻田的选择

选择水源丰富、水质无污染、排灌方便、保水性好、集中连片的单季低洼稻田进行小龙虾养殖，面积以5～10亩为好。开展小龙虾养殖的稻田，要求水、电、路条件较好，饵料、肥料来源较方便，不受附近农田用水、施肥、喷洒农药的影响。养虾稻田的稻谷收割以收割机收割为好，机割的水稻秸秆均匀地散放于稻田中，有利于饵料生物生长，也有利于小龙虾栖息躲藏，机割留茬高度在40～50厘米，有利于控制稻田蓄水深度。

2. 稻田改造与清整

用于养虾的稻田四周的田埂应加宽加高，方法是沿稻田田埂内侧四周开挖养虾沟，沟宽 3～4 米，深 0.8～1.0 米。用挖沟的土加宽、加高田埂，田埂加高至 1 米以上（指高出水田平面），埂面宽亦达到 1 米以上，新翻的泥土应夯实，确保不漏水。

在虾苗放养前 20 天左右，排干虾沟积水，挖去过多淤泥，或暴晒至淤泥呈龟裂状，再注入 10～15 厘米新鲜水。在小龙虾苗种投放前 10～15 天用生石灰 75～150 千克/亩消毒，5～7 后在沟内栽培水生植物（如轮叶黑藻、伊乐藻等），栽植面积占稻田总面积的 10% 左右。对于难以栽植水草的新沟，可在其中投放一些小树枝。清整好的稻田，及时灌水，灌水深度以田面达到 30 厘米左右为好，进水时密网过滤，严防敌害生物进入。

3. 苗种放养

虾、稻轮作时，稻田小龙虾苗种放养有多种模式。一是放养亲虾，本田繁育模式。在头一年 8～9 月，水稻种植期间，在虾沟中放养小龙虾亲虾，让其自行繁殖。根据稻田养殖计划产量和稻田条件，一般每亩放养成熟小龙虾亲本 15～20 千克，雌雄比（2～3）：1。养殖 1 年以上的稻田，需根据留塘亲虾数量确定补放数量。二是放养小龙虾苗种模式。水稻收割后，营造小龙虾养殖环境，翌年 3～4 月，直接以市场收购或专门繁育的小龙虾幼虾进行放养，一般规格为 250～600 尾/千克，第 1 年养殖，投放密度为 5000～6000 尾/亩，养殖 1 年以上的稻田，投放密度应视稻田本身繁育的小龙虾苗种数量而定。三是放养当年人工繁殖的虾苗，将体长 2～3 厘米的小龙虾幼虾捕捞，放入准备好的稻田。第 1 年养殖，放养密度为 7000～10000 尾/亩，养殖一年的稻田，根据留塘小龙虾自身繁育能力适当补放苗种。注意：同一块稻田应放养同一规格的虾苗，并尽可能一次放足。

4. 饲料投喂

水稻收割后，及时开展清整、灌水、施肥的稻田，会在较短的时间内，滋生各种动植物。稻田内大部分稻草被水淹没后使稻田内滋生大量浮游生物和水生昆虫，尚未死亡的水稻根须、稻谷也会萌发生长，适宜低温的各种水生植物发芽生长，这些都是小龙虾极好的饵料生物。此外，经水泡胀的散落稻谷、腐烂过程中的稻草等大量的有机碎屑也都是小龙虾的饵料。因此，越冬前的一段时间内，稻虾连作的稻田一般无需投喂任何饲料。越冬期间，小龙虾基本不摄食或摄食量少，无需另外投喂食物。越冬后，当水温稳定在15℃以上时，小龙虾摄食量大增，开始投喂人工饲料。

为了确保下一季水稻栽培不受影响，商品小龙虾必须在5月20日前捕完，要求4月底前大部分小龙虾必须达到商品规格。因此，开春后，必须根据小龙虾摄食情况，立即进行强化喂养。饲料可以选择米糠、菜饼、大豆、蚕豆、螺肉、蚌肉、鱼肉等，还要补充青饲料，尽量做到动物性饲料、植物性饲料、青饲料合理搭配，以确保营养全面。比较合理的搭配方式是精饲料占70%～80%，其中动物性饲料与植物性饲料各占50%。小龙虾放养前后，可在虾沟内投放一些有益生物（如蚯蚓、螺蛳、河蚌等），这些生物既可以净化水质，又能为小龙虾提供优质的动物性饵料。

不同月份小龙虾的投喂频率和量有所不同。3月，每天下午投喂小龙虾饲料1次，投喂量为当时小龙虾总体重的4%左右；4月以后，逐渐加大投喂量，日投喂量从5%逐渐增加到10%，投喂次数也改为1天2次。

稻田养殖小龙虾投喂饲料时，一般将食物均匀投放，中后期应在虾沟内适当多投，以利小龙虾集中觅食，既减小劳动强度，又便于捕捞小龙虾。

5. 水位控制

为了确保小龙虾优良的生长环境，在养殖过程中要采取措施调控水质，保持水质的活爽和溶解氧充足，促进小龙虾食欲旺盛和快速生长。小龙虾越冬前（9～11月），稻田水位控制在30厘米左右；越冬期间，提高水位至40～50厘米，越冬以后（进入3月），再降低水位至30厘米，以利于提高稻田内的水温；4月中旬以后，稻田水温稳定在20℃以上时，将水位逐渐提高到50～60厘米，使稻田内水温稳定在 20~30℃，以利于小龙虾的生长，避免小龙虾提早硬壳老化。

6. 成虾捕捞

冬闲稻田养殖小龙虾，起捕时间集中在 4 月下旬至 5 月 20 日。这期间的水温适宜小龙虾的活动和觅食。一般采用虾笼进行诱捕，回捕率一般可达 80％以上。开始捕捞时，不需排水，直接将虾笼布设于稻田及虾沟内，隔几天换一个地方。当捕获量渐少时，可将稻田内的水排出，使小龙虾落入虾沟中，然后集中于虾沟放虾笼，直至捕不到商品虾为止。在收虾笼时，应对捕获到的小龙虾进行挑选，将达到商品规格的小龙虾挑出，将幼虾马上放回到稻田。

第六节
水生经济植物池养殖小龙虾

一、水芹田养殖小龙虾

1. 水芹田养殖小龙虾的优点

（1）水芹、小龙虾间作，时、空可以较好对接　水芹于每年的 9 月开始栽培，春节前后上市销售，3~7 月水芹栽培池一直处于空闲期；小龙虾 9~10 月产卵繁育，3~7 月生长发育，7 月底可以全部捕捞销售结束，两种生物从时间、空间上可以交叉安排，轮流生产。而且，种植业与养殖业间作，在充分利用各自生长优势的同时，还起到换茬生产、避免单一业态连续运行带来的病虫害加剧的问题，实现农业生产业态和时空的完美结合（彩图 23）。

（2）水芹田天然饵料资源丰富　水芹田具有丰富的有机碎屑和饵料生物。生产实践表明，利用水芹池养殖小龙虾，完全依靠田中的天然饵料，每亩可以生产小龙虾 75 千克以上，而且，小龙虾个体大、口感好。

（3）小龙虾可以摄食杂草、害虫，减少水芹栽培管理的成本 水芹田栽培的空闲季节，池中各种杂草丛生，而且，由于土壤肥沃，长势旺盛。如不养小龙虾，就必须人工拔除杂草，否则，既消耗肥力，也严重影响水芹栽培效果。放养小龙虾可以节省拔草人力支出，下一季节水芹栽培时的肥料投入也可以适当减少。

2. 水芹的栽培与收获

（1）栽培池选择 选择土壤肥沃、保肥保水性能良好、排灌方便的低洼田块等作为水芹池的栽培池。

（2）施肥整地 播种前 7～10 天，每亩施优质有机肥 2000～2500 千克，然后深耕、上水沤制，耕翻次数越多，翻得越深，沤制时间越长，越容易获得高产。在最后一次耕翻整地时亩施氮、磷、钾复合肥 50～75 千克，达到田面平整的状态。四周筑好田埂（高度在 80 厘米以上），灌水 5 厘米以内。

（3）催芽与排种

① 催芽时间。一般定在排种前 15 天进行。通常在 8 月上旬进行。当日平均气温在 27～28℃时开始。

② 种株准备。从留种田中将母茎连根拔起，理齐茎部，除去杂物，用稻草捆成直径为 12～15 厘米的小束，剪除无芽或只有细小芽的顶梢。

③ 堆放。将捆好的母茎交叉堆放于接近水源的阴凉处，堆底先垫一层稻草或用硬质材料架空，通常垫高 10 厘米，堆高和直径不超过 2 米，堆顶盖稻草。

④ 湿度管理。每天早晚洒浇凉水 1 次，降温保湿，保持堆内温度为 20～25℃，促进母茎各节叶腋中休眠芽萌发。每隔 5～7 天，于上午凉爽时翻堆 1 次，冲洗去烂叶残屑，并使种株受温均匀。当种株 80% 以上腋芽萌发长度为 1～2 厘米时，即可排种。

排种时间一般在 8 月中、下旬，选择阴天或晴天的下午 4 时后进行。将母茎基部朝外，梢头朝内，沿大田四周作环形排放，整齐排放 1～2 圈后，进入田间排种，茎间距为 5～6 厘米。将母茎基部和梢部相间排放，并用少量淤泥压住。在后退时抹平脚印。

（4）水肥管理　水肥管理分以下 3 个阶段。

① 萌芽生长阶段。排种后日平均气温仍在 24～25℃，最高气温在 30℃以上，田间保持湿润而无水层。如遇暴雨，及时抢排积水。排种后 15～20 天，当大多数母茎腋芽萌生的新苗已生出新根和放出新叶时，排水搁田 1～2 天，使土壤稍干或出现细丝裂纹，搁田后复水，浅灌 3～4 厘米水深。

② 旺盛生长阶段。随着植株生长，逐步加深水层，使田间水位保持在植株上部 3 厘米处，有 3 张叶片露出水面，以利于正常生长。

③ 生长停滞阶段。当冬季气温降至 0℃以下时，临时灌入深水，水灌至植株全部没顶为宜。气温回升后，立即排水，仍保持部分叶片露出水面，同时适时追施肥料。搁田复水后施好苗肥，一般每亩施放 25％复合肥 10 千克或腐熟粪肥 1000 千克。以后看苗追肥 1～2 次，每次用尿素 3～5 千克/亩。

（5）定苗除草　当植株高 5～6 厘米时，进行匀苗和定苗，定苗密度为株间距 4～5 厘米，同时进行除草。

（6）病虫害防治　水芹的病虫害主要有斑枯病以及蚜虫、飞虱、斜纹夜蛾等。采用搁田、匀苗及氮、磷、钾配合施肥等能有效地预防斑枯病。采用灌水漫虫法除蚜，即灌深水到全部植株没顶，用竹竿将漂浮在水面的蚜虫及杂草向出水口围赶，清除于田外，整个灌、排水过程在 3～4 小时完成，同时根据查测病虫害发生情况，选用药物，采用喷雾方法进行防治。

（7）采收　水芹栽植后 80～90 天即可陆续采收，直至翌年1～2 月。采收时将植株连根拔起，用清水把污泥冲洗干净，剔除黄叶和须根，并切除根部，理齐捆扎，产品长度控制在 60～70 厘米，每扎质量 0.5 千克或 1 千克，把鲜芹装运上市。收割水芹时，沿池（田）边四周的水芹留下 30～50 厘米宽带，作为小龙虾养殖的栖息隐蔽场所。

3. 小龙虾养殖与捕捞

（1）池塘准备

① 防逃设施建立。在上述水芹栽培池池埂上设置防逃设施，既可防止敌害生物进入，又可防止小龙虾外逃。

② 清塘。水芹采收结束后，用清塘药物进行水体消毒，杀灭病原体和敌害生物，虾苗放养前加注新水。

③ 移植水草。小龙虾喜欢栖息于水草丛中，采收水芹时有选择地预留少量水芹作为小龙虾蜕壳隐蔽和栖息场所，后期采收水芹时剥离的茎叶也可以还塘作为小龙虾饲料；小龙虾养殖密度如较高，也可以引进、栽培伊乐藻，以满足小龙虾对水草的需要。

（2）小龙虾苗种放养 在4～5月直接放养4～6厘米的幼虾，一般每亩放养5000～7000尾，放养时要注意虾的质量，放养规格尽量整齐并一次放足。

（3）日常管理

① 饲料投喂。水芹池放养小龙虾，前期无需投饵，池中大量的有机碎屑和饵料生物可以满足小龙虾摄食需要；随着个体长大，小龙虾摄食量逐渐加大，可按池塘主养模式开展饲料投喂。

② 水质调节。水芹池底泥较肥沃，养殖前期，水温低，水草旺盛时，水质管理工作主要是保持稳定水位；5月下旬开始，由于小龙虾的摄食和水温升高，水芹、伊乐藻等低温旺盛生长的水草逐渐减少，透明度降低，应该使用微生物制剂和生石灰定期调节水质。水位逐渐加高到高位，最好保持在1米左右，并每10～15天换水1次，7～9月每周换水1次，池水透明度保持在30～40厘米。

③ 敌害和疾病预防。小龙虾的敌害主要有水老鼠、水蛇、青蛙等。除对水芹池彻底清塘消毒外，进、排水口也要用密网封好，严防敌害进入，平时发现敌害要捕捉清除。每隔20天每亩用生石灰10千克加水调配成溶液全池泼洒1次进行消毒防病。定期在饲料中加入微生态制剂和维生素等药物，可增强虾的体质，减少疾病的发生。

④ 捕捞销售。小龙虾4～6厘米的苗种经过2个月左右的饲养，大部分达到商品规格，应及时捕捞上市。

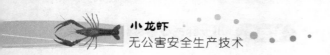

利用水芹池开展水芹、小龙虾轮作养殖，水芹平均亩产量3000～5000千克，亩效益2000～5000元；小龙虾平均亩产量75～200千克，亩效益2000～5000元。

二、藕田、藕池养殖小龙虾

在藕田、藕池中养殖小龙虾，是充分利用藕田、藕池的水体、土地、肥力和生物资源等自然条件的一种养殖模式，能将种植业与养殖业有机地结合起来，可达到藕、虾双丰收，这与稻田养鱼养虾的情况颇有相似之处。目前，我国不少地方正在开展小龙虾、荷藕种养结合技术研究与应用，增加了小龙虾的养殖空间，同时也提高单位土地面积的综合经济效益（彩图24）。

种植莲藕的水体大体上可分为藕池和藕田两种类型。藕池多是农村坑塘，水深多在50～180厘米，栽培期为4～10月。藕田是专为种藕修建的池子，池底多经过踏实或压实，水浅，一般为10～30厘米，栽培期为4～9月。由于藕池的可塑性较小，利用藕池饲养小龙虾，多采用粗放的饲养方式。而藕田便于改造，可塑性较大。因此，利用藕田进行小龙虾饲养生产潜力较大，下面将这种技术介绍如下。

1. 藕田的选择

选择饲养小龙虾的藕田，要求水源充足、水质良好、无污染，排灌方便。池中土壤的pH值呈中性至微碱性，并且阳光充足、光照时间长，尤其以背风向阳的藕田为好。忌用有工业污水流入的藕田进行养殖。

2. 藕田的改造

（1）修建防逃设施　为防止小龙虾挖洞时将田埂挖穿，引发田埂崩塌，在汛期和大雨后发生漫田逃虾，需要对藕田田埂进行加高、加宽和夯实处理。加固的田埂应高出水面40～50厘米，田埂四周用塑料薄膜或钙塑板修建防逃墙，最好再用塑料网布覆盖田埂内坡，下部埋入土中20～30厘米，上部高出埂面70～80厘米；田埂基部加宽80～100厘米。每隔1.5米用木桩或竹竿支撑固定，网片上部内侧缝上宽度为 30 厘米左右的农用薄膜，形成"倒挂须"，防止小龙虾攀爬逃跑。同时，要做好进、排水口的防逃工作。

（2）开挖虾沟、虾坑　为给小龙虾营造一个良好的生活环境和便于集中捕虾，需要在藕田中开挖虾沟和虾坑。开挖时间一般在冬末或春初，并要求一次性建好。虾坑深 50 厘米，面积为 3～5 米^2，虾坑与虾坑之间开挖深度为 50 厘米、宽度为 30～40 厘米的虾沟。虾沟可呈"十"字形、"田"字形，一般小田挖成"十"字形，大田挖成"田"字形。整个田中的虾沟与虾坑要相通。一般虾沟和虾坑占藕田总面积的 15％左右。

3. 藕田消毒与施肥

藕田消毒施肥在放养虾苗前 10～15 天，每亩藕田用生石灰 100～150 千克，化水全池泼洒。对于饲养小龙虾的藕田，应以施基肥为主，每亩施有机肥 1500～2000 千克，也可以加施化肥，每亩用碳酸氢铵 20 千克、过磷酸钙 20 千克。基肥要施入藕田耕作层，一次施足，减少日后施追肥的数量和次数。

4. 虾苗放养

小龙虾在藕田中饲养，放养方式类似于稻田养虾，但因藕田常年有水，因此放养数量比稻田饲养时的数量要多一些。可采取两种模式：放养亲虾模式和放养幼虾模式。放养亲虾模式中，每亩放养规格为 20～40 尾/千克的亲虾 25～35 千克；放养幼虾模式中，每亩放养规格为 250～600 尾/千克的幼虾 1.5 万～2.0 万尾。

5. 饲料投喂

对于藕田饲养的小龙虾，投喂饲料要采取定点的方法，即在水较浅、靠近虾沟和虾坑的区域拔掉一部分藕叶，使其形成明水区，在此区域内投饲。在投饲的整个季节，按照"开头少，中间多，后期少"的原则。

6. 日常管理

利用藕田饲养小龙虾成功与否，取决于饲养管理的优劣。藕田饲养小龙虾，在初期宜浅灌，水深 10 厘米左右即可。随着藕和虾的生长，田间水要逐渐加深到 15～20 厘米，促进藕的开花生长。

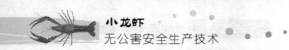

在藕田深灌及藕的生长旺季，由于藕田补施追肥及水面被藕叶覆盖，水质很容易变化，此时，要定期加水和排出部分老水，以调控水质，保持水体溶解氧含量在 4 毫克/升以上，pH 值为 7～8.5，透明度为 35 厘米左右。每 20 天泼洒 1 次生石灰水，调节水的 pH 值，增加水体中的钙离子含量，促进小龙虾蜕壳生长。

小龙虾养殖到上市规格时，要及时做好捕捞工作，可采取地笼分批捕捞，也可以采取排干池水一次性捕捞。

第七节
小龙虾的饲料与营养

小龙虾的饲料，要按照《无公害食品　渔用配合饲料安全限量》（NY 5072—2002）的要求，满足小龙虾的营养需要，确保质量安全。同时，还要提高饲料的利用率，并把饲料对环境的污染降到最低点。

一、饲养营养与营养平衡

饲料的能量、必需氨基酸、必需脂肪酸、糖类、维生素和矿物质等营养的缺乏或不足均能影响饲料的营养平衡状况，影响饲料效率，从而影响小龙虾的生长，降低养殖效果。

1. 能量的需要与平衡

能量由营养物质提供，能量不足或过高都会影响小龙虾的生长。设计配方必须要考虑到饲料中能量与蛋白质的平衡。当饲料中的能量不足时，饲料中的蛋白质就会作为能量被消耗殆尽。而当饲料中能量过高时，就会降低小龙虾的摄食量，相应减少蛋白质或其他营养物质的摄入量，从而造成饲料浪费，同时影响小龙虾的生长。

2. 蛋白质的需要与平衡

蛋白质是维持小龙虾生命活动所必需的营养物质，其含量的高低影响着饲料的成本。一般认为小龙虾幼苗阶段，饲料中蛋白质含量应为40%，成虾阶段为33%。值得注意的是，在饲料中添加适量的动物性蛋白质，能进一步促进小龙虾的生长，降低饲料系数。小龙虾对蛋白质的需求实质上是对氨基酸的需求，尤其是对必需氨基酸的需求。当饲料蛋白质中氨基酸的组成比例与小龙虾蛋白质的氨基酸组成较为一致时，小龙虾就会获得最佳生长效果。

3. 脂肪和必需脂肪酸的需要与平衡

饲料中的脂肪既是能量来源又是必需脂肪酸的来源，同时脂肪又能促进脂溶性维生素的吸收，因此在饲料配制中要突出其地位。一般脂肪含量，成虾料为3%、幼虾料为5%；当含量过度增加到8%以上时，小龙虾生长率反而下降，并出现脂肪肝病。

4. 糖类的需要与平衡

糖类是饲料中廉价的能源，如能充分合理地利用糖类，则能大大降低饲料成本。应当指出的是，小龙虾对糖类的利用远不如其他鱼类，饲料中过量的糖类将会积累在肝脏中，导致小龙虾肝脏的损坏，形成脂肪肝。但是适当添加维生素，在饲料中含50%的糖类，小龙虾的肝脏也是正常的，仍能维持正常生长。一般认为，小龙虾饲料中糖类的适宜含量为25%～30%。

5. 维生素和矿物质的需要与平衡

维生素是维持小龙虾身体健康，促进小龙虾生长发育和调节生理功能所必需的一类营养元素，饲料中如果长期缺乏维生素，将导致小龙虾代谢障碍，严重时将出现维生素缺乏症。

矿物质是维持小龙虾生命所必需的物质，包括常量元素和微量元素。由于小龙虾能够从水体中摄取部分矿物质元素，使众多配方人员忽略了矿物质的重要性。近年来，小龙虾因无机盐缺乏导致生长缓慢，甚至无机盐缺乏症的出现一再表明小龙虾饲料中仍需添加矿物质。

二、饲料评价与选择

小龙虾养殖要求饲料新鲜，营养丰富，大小适口，并在饲料台

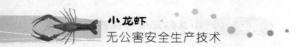

上投喂。投喂方式与鱼类相同，上午、下午各投喂1次。天气晴朗，适宜水温21～28℃，水质好，个体大，吃食旺，饲料可适当多投，否则应酌情减少。

小龙虾饲料种类很多，主要有以下几种。

1. 配合饲料

配合饲料主要有粉状料、糖化发酵饲料、颗粒饲料、微囊颗粒浮性饲料等。投喂配合饲料是规模化养虾的最佳选择。其优点是适口性好，要便于摄食，饲料利用率高，对水体造成的污染小。近年来，养殖试验也证明了配合饲料适合于小龙虾高密度集约化养殖。要求配合饲料的蛋白质含量较高，一般在30%～40%。

2. 动物性饲料

动物性饲料主要有浮游动物、动物活饵料和动物下脚料（如动物内脏）等；人工养殖时投喂的鲜活饵料包括蚯蚓、蚕蛹、蝇蛆、河蚌、螺蚬、黄粉虫、小杂鱼和白鲢肉糜，这些饲料适口性好，饲料中蛋白质含量较高，营养成分全面，饲料转化率高，小龙虾能很快形成摄食习惯，但数量有限，无法长期稳定供应，尤其是大规模养殖时，这一对供需矛盾更加突出。蚯蚓是小龙虾最喜食的饲料，干体蛋白质含量达61%，接近鱼粉和蚕蛹。这些饲料的共同点是蛋白质含量高、营养丰富，有利于小龙虾的生长发育。

3. 植物性饲料

植物性饲料主要有谷类，如麦粉、玉米粉、米糠、豆渣等。投入一定量的富含纤维素的植物饲料，有利于促进小龙虾的肠道蠕动，提高摄食强度和饲料利用率。通常在配合饲料中添加一定量的麦粉（同时又是黏合剂）、玉米粉、麸、糠和豆渣等。

4. 灯光诱虫

根据小龙虾的生活习性，昆虫及其幼虫也是很好的饵料。其蛋白质含量高、来源广、易得性好，采用灯光诱虫养殖小龙虾或作为小龙虾的补充饲料源，具有成本低、效果好的特点，可广泛采用。

灯光诱虫主要是指黑光灯诱虫。黑光灯是一种特制的气体放电灯，能发出3300～4000纳米的紫外光波，这是人类不敏感的光，所以把这种人类不敏感的紫外光制作的灯叫作黑光灯。黑光灯放射出的紫外线，可以吸收趋光性的农业害虫，所以广泛用于农业。

三、颗粒饲料生产

1. 饲料配方

生产颗粒饲料的一项重要工作就是按无公害养殖要求，对所选原料的质量进行控制。质量控制的主要指标是有效营养成分和消化率。原料的选择应以最低的成本满足营养需求，鱼粉用在饵料中，其主要目的是为了平衡植物性蛋白质中的氨基酸。小麦的副产品、玉米和其他淀粉原料用于饵料中以提高颗粒牢度、水中稳定性和提供能量。小龙虾人工配合饲料常用配方如下。

配方1：豆饼30%、蚕蛹粉10%、菜籽饼5%、蚯蚓浆15%、熟大豆粉20%、淀粉15%、其他5%。

配方2：蚕蛹粉10%、啤酒酵母10%、豆饼32%、菜籽饼5%、羽毛粉12%、肉骨粉4%、黏合剂15%、蚯蚓浆10.6%、赖氨酸1.4%。

配方3：豆粕32%、鱼粉30%、淀粉20%、酵母粉4%、谷朊粉4%、豆粕4%、矿物质1%、添加剂1%、其他4%。

配方4：鱼粉31.5%、豆粕26.5%、麸皮6.6%、面粉5%、豆油3.9%、鱼油3.9%、糊精5%、纤维素9.6%、复合维生素2%、复合矿物质4%、黏合剂2%。

配方5：鱼粉35.3%、豆粕29.9%、麸皮3%、面粉5%、豆油0.7%、鱼油0.7%、糊精8%、纤维素9.4%、复合维生素2%、复合矿物质4%、黏合剂2%。

饲养人员也可根据当地易得原料按饲料中蛋白质含量为28%～30%、脂肪含量为3%～5%来进行配比即可。

2. 膨化饲料加工

各种原料粉碎得越细越好，一般通过每2.54厘米80目筛的超微粉碎来满足细度的要求。原料的颗粒越细，消化率、制粒牢度和水中稳定性越高。对饲料添加剂应先进行预混，做出4%～5%的混合物，然后再把它混入饵料中，以保持一定的均匀度。对矿物质预粉料可在原料粉碎前加入，而维生素预粉料则应在原料粉碎后进行搅拌混合时加入，这样做的目的是减少维生素在加工受热过程中的损失。在膨化的粉料中应多加入一些热敏性的维生素。先将约100℃的蒸汽或水加入粉料使之达到25％的水分，再使热粉料穿过膨化机圆桶在增温约140℃和6兆帕的压力下，被送入压模装置，然后压力迅速下降，超热水分蒸发导致颗粒扩张（制粒），膨化后立刻在颗粒的表面喷油脂，以保证制粒表面的光滑。这时，颗粒饲料再一次被送往加热的通道蒸发，将其水分降至10％以下，最后被冷却至常温而成干化颗粒饲料。粒径要适合小龙虾的口径，一般为1～2毫米，这样才便于小龙虾摄食，否则，就会因饲料适口性差而造成浪费。

3. 配合饲料质量鉴别

由于小龙虾配合饲料的品牌目前尚不多见，质量良莠不齐，而质量的好坏又直接影响到小龙虾的生长、病害防治、水质控制和饲养成本。所以，如何选择小龙虾配合饲料就显得十分重要。下面介绍几种挑选饲料的方法。

（1）从饲料的理化性状辨别

① 颗粒外观检验。颗粒应均匀、表面光滑、浮水性好、色泽均匀。如颗粒不均匀，会影响小龙虾摄食，浪费饲料，污染水质，降低成活率。如饲料颗粒切面不均匀或留有边角，会影响小龙虾摄食，严重者会损伤其肠道，引发疾病。

② 膨化程度。饲料膨化程度，可以从颗粒饲料外表孔隙来辨别。如果表面孔隙较多，表明饲料膨化过熟，饲料中营养流失较多，使得饲料中营养不均衡，影响生长并易暴发疾病。

③ 颗粒气味。质量高的饲料主要使用进口优质鱼粉，鱼粉味道清香，不新鲜或质量差的饲料，鱼粉有臭鱼腥味。

④ 蛋白质成分。饲料的粗蛋白质分动物性蛋白质和植物性蛋白质，动物性蛋白质小龙虾消化吸收利用高，而植物性蛋白质则低，有些饲料虽然标示的粗蛋白质含量高，但动物性蛋白质含量有

可能偏低，这也影响饲料的质量。

（2）从饲养的效果辨别　饲料优劣看饲料成本，饲料成本＝饵料系数×价格。价格高低对饲养成本有影响，但关键在饵料系数。

饵料系数是指在同等条件下，即同一生长期、同等密度、同等规格、同等喂养的情况下，使用不同的饲料，经过1个月的饲养，测定小龙虾体重增长数量，计算出不同的饲料系数，再根据其饲料系数和价格来认定饲料质量的优劣。

（3）看饲料的适口性　饲料适口性好，可减少浪费，增强食欲，缩短养殖周期。总体上来看，优质配合饲料具有如下特点：采用优质鱼粉作主要原料，配方先进、氨基酸保持平衡、适口性好、生长速度快、饵料系数低、经济效益好。

4．配合饲料安全要求

配合饲料所用的原料应符合原料标准的规定，不得使用受潮、发霉、生虫和腐败变质以及受到石油、农药、有害金属等污染的原料。其安全卫生指标应遵照《无公害食品　渔用配合饲料安全限量》（NY 5072—2002）的规定执行。

第四章

小龙虾的病害防治技术

疾病的发生是一个复杂的生理过程，是病原体、环境和宿主三者相互作用的结果。关于小龙虾病害的研究历史较短，生产过程中遇到的病害或死亡未能得到完全了解，不能得到有效的治疗。小龙虾病害可以分为两大类：一类为生物因子导致的；另一类为非生物因子诱发的。生物因子引起的疾病主要是病毒、细菌、真菌、原生动物等有害病原体引起的疾病；非生物因子引起的疾病主要是指缺氧、温度过高或过低、水体的 pH 值过高或过低及有毒、有害物质对水体的污染引起的疾病。虽然小龙虾的适应性和抗病能力都较强，但生产过程中时有发生难以解决的病害和问题。因此，对待小龙虾的疾病应以防为主，主要从提高小龙虾的体质、改善和优化环境、切断病原体传播途径等方面着手，同时注重借助现有的科技、检测和治疗方法开展综合防治和无公害的养殖模式，才能达到小龙虾健康养殖的目的。

第一节
小龙虾的免疫系统

一、体液免疫因子

1. 凝集素（lectins）

凝集素是一类对特定细胞多糖具有结合亲和力的、能选择凝集脊椎动物血细胞和某些微生物细胞的、多价构型的热敏蛋白或糖蛋白复合物。无脊椎动物的凝集素一般为外源凝集素。凝集素的最大特征在于它们能够识别糖蛋白和糖肽中，特别是细胞膜中复杂的糖类结构，即细胞膜表面的糖类决定簇——糖基。凝集素的主要功能是使血淋巴中的异物分子发生凝集。一种凝集素具有对某一种特异性糖基专一性结合的能力，因而已广泛应用于免疫和分离淋巴细胞、鉴别变异细胞（特别是肿瘤细胞）、分离含糖分子、鉴定血型、

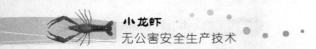

作为分子探针等。凝集素现已成为生物化学、细胞生物学、免疫学及医学领域中进行研究的有用工具。

凝集素广泛存在于生物体中，在高等植物、脊椎动物、无脊椎动物、微生物及病毒中均有发现。早期对凝集素的研究多集中在高等植物，而对甲壳动物凝集素的研究较少。迄今为止，人们已在200多种无脊椎动物中发现凝集素，其中40多种属于甲壳动物（如小龙虾、蟹、日本对虾、中国对虾等）。它们在血淋巴中可以引起异物聚集，在体外可选择凝集脊椎动物血细胞和某些细菌微生物，并充当识别因子，根据异物表面的糖基组成识别"异己"，具有高度的调理作用，可在吞噬细胞和异物间形成分子连接，促进吞噬细胞对异物的吞噬作用。

小龙虾凝集素主要分布在血淋巴液和血细胞中。现已从中国对虾血淋巴液中分离出一种凝集素，该凝集素由2个亚基组成，相对分子质量分别为80000和75000。此凝集素能凝集牛、马、鼠、兔、鸡、羊和人的A、B、O型红细胞。其凝集活性不被D-甘露糖、D-果糖、D-乳糖、乙酰半乳糖、神经氨酸、D-半乳糖、D-葡萄糖和D-岩藻糖抑制，其最适pH值为6~8，对Ca^{2+}、Mg^{2+}、Mn^{2+}等离子不敏感，而金属离子螯合剂EDTA则可以明显抑制其凝集活性，这说明在中国对虾血淋巴的凝集活动中，二价金属离子仍然必不可少。

2. 溶血素（hemolysin）

溶血素作为一种非特异性免疫防御因子，已经在多种无脊椎动物的血清中被发现。但是，有关甲壳动物溶血素的研究，仅限于对小龙虾、日本对虾、蟹等的研究结果。溶血素的作用可能类似于脊椎动物的补体系统，可溶解破坏异物细胞，参与调理作用，并可能与无脊椎动物的杀菌作用以及酚氧化酶原的激活系统有关。

3. 酚氧化酶（PO）及酚氧化酶原（proPO）激活系统

甲壳动物的酚氧化酶原激活系统是由丝氨酸蛋白酶和其他因子组成的一个复杂的酶级联系统。它无论从组成、激活方式还是从免疫功能上都非常类似于高等动物的补体系统。当病原微生物或寄生虫等侵入机体后，其细胞壁结构成分（如真菌中的葡聚糖和革兰阴性菌中的脂多糖等）作为非己信号按一定顺序激活丝氨酸蛋白酶，丝氨酸蛋白酶随后又激活酚氧化酶原，将其转变为活性的酚氧化酶。酚氧化酶是一种氧化还原酶，可氧化酚生成醌。醌自发形成最终产物——黑色素。黑色素及其形成过程中的中间产物均为高活性物质，通过多种方式参与宿主的防御反应，它们抑制病原体胞外蛋白酶和几丁质酶的活性，从而在伤口愈合、抑制甚至杀死病原体方面发挥着重要作用。它还可能作为调理素，促进血细胞的吞噬和包裹作用，介导凝集和凝固。无脊椎动物受伤后，在角质层、细菌感染后在结节处以及寄生虫感染后包裹形成过程中均有色素形成。现已发现黑色素和醌同时也担当杀菌酶的抑制剂和制真菌剂的作用。

有研究结果表明，酚氧化酶原系统可以被多种物质激活，包括来源于真菌的 β-1,3-葡聚糖和来源于细菌的肽聚糖、脂多糖以及 Ca^{2+}、胰蛋白酶、十二烷基肌氨酸钠。另外，加热也可以激活酚氧化酶原系统。这些物质是通过丝氨酸蛋白酶的作用而激活酚氧化酶原的，而丝氨酸蛋白酶抑制剂能阻止这些物质对酚氧化酶原的激活作用。

Aspan 等（2002）已从小龙虾血细胞中分离纯化出酚氧化酶原，其相对分子质量为 76000，只含有一条多肽链；还分离纯化出一种丝氨酸蛋白酶，又称为酚氧化酶原激活酶（PPA），其相对分子质量为 36000。丝氨酸蛋白酶以非活性的形式存在于小龙虾的血细胞中，Ca^{2+} 和其他诱导物能激活使之成为有活性的酚氧化酶原激活酶。赵娇等部分纯化了日本对虾的酚氧化酶，该酶的最适 pH 值为 6.5，在 pH 值为 5.0～8.0 的范围内有较高稳定性，该酶对不同的酚类物质表现出不同的底物专一性。王雷等也对中国对虾的酚氧化酶活性的存在及其激活机制有过报道，他们认为酚氧化酶以酶原形式存在于血细胞中，当微生物入侵后刺激血细胞，使该酶释放到血淋巴并激活表现活性，它与血细胞的吞噬、包裹以及血淋巴的抗菌活性和对外源物质的识别有关。大量的实验证明，酚氧化酶活

力与机体免疫有直接相关性，可以作为一个衡量对虾免疫功能大小的指标。

4. 溶菌酶（lysozyme，LSZ）

溶菌酶又称胞壁质酶（muramidase），它是一种碱性蛋白，主要杀灭革兰阳性菌，能够水解构成细菌细胞壁成分的多糖胞壁质中的 N-乙酰葡萄糖胺与 N-乙酰胞壁酸之间的 β-1,4-糖苷键，从而使细菌的细胞壁破损，细胞崩解。在作用时可观察到溶菌现象，故因此而得名。溶菌酶广泛存在于各种动物的血细胞和血液中，在免疫活动中发挥着重要作用。溶菌酶是吞噬细胞杀菌的物质基础，当吞噬细胞对异物颗粒进行吞噬和包裹后，细胞内的溶酶体会与异物进行融合，发生脱颗粒现象，外来入侵的微生物可以被其中的溶菌酶等直接杀死，随后再进一步将它们水解消化，并将水解消化后的残渣排出细胞外。近年来，人们陆续从中国对虾、日本对虾、南美白对虾等甲壳动物体内检测到溶菌因子的存在。王雷等（1995）在以溶壁球菌（Micrococcus lysoleikticus）冻干粉作为底物进行实验时发现，正常中国对虾的血淋巴具有较强的溶菌活力，而濒死中国对虾血淋巴的溶菌活性基本丧失；由此认为，溶菌活力可以作为检测对虾机体免疫功能状态的一个有价值的参考。刘树青等（1999）给中国对虾腹腔注射海藻多糖和北虫草多糖后，对虾血淋巴的溶菌活力大大增加；对中国对虾注射 1.2×10^7 cells/尾的大肠杆菌刺激后，血淋巴液的溶菌活力也明显提高。罗日祥（1997）用中药制剂投喂中国对虾后，血淋巴液中的溶菌活力也发生一定程度的提高。可见，适当地诱导可以提高对虾血淋巴中溶菌因子的活性。

5. 超氧化物歧化酶（superoxide dismutase，SOD）

超氧化物歧化酶是一种重要的抗氧化酶，作为活性氧参与清除体内的自由基，在防御机体衰老及防止生物分子损伤等方面具有极为重要的作用。当微生物入侵被血细胞包裹后，机体产生一系列抗微生物物质，这些物质包括高活性氧种类，如超氧离子（O^{2-}）、过氧化氢（H_2O_2）、氢氧根离子（OH^-）和单线态氧（O_2）。尽管氧是需氧细胞的必需成分，但同时，呼吸爆破中产生的高活性氧物质（reactive oxygen species，ROS）也能引起潜在的细胞毒问题。因而，有效而快速地清除活性氧物质是机体行使正常功能和存活的关键，这就由抗氧化防御机制来执行。其中包括超氧化歧化酶清除超氧离子。

近年来研究表明，SOD 的活性与生物的免疫水平密切相关。健康的生物体，其内环境中的自由基的产生与消除处于平衡状态。SOD 等酶具有消除自由基的功能。当 SOD 酶活性降低时，生物体内会出现自由基过多，势必扰乱、破坏体内一些重要的生化过程，导致代谢混乱，正常生理功能失调，体内免疫水平下降，潜在的病原被激活，使生物体发病。刘恒等（1996）用免疫多糖投喂南美白对虾后，肌肉组织匀浆中的 SOD 活性有一定的提高；并认为，经这种多糖投喂后，可以提高南美白对虾的免疫功能，而免疫水平的提高又增强了对虾肌肉等部位的 SOD 活力。

6. 血蓝蛋白（hemocyanin）

血蓝蛋白是节肢动物和软体动物血淋巴中的含铜呼吸蛋白，每个氧结合位点有 2 个铜原子，其氧的结合位点与另一种铜离子结合蛋白——酚氧化酶的氧结合位点的结构具有很高的相似性。血蓝蛋白在脱氧状态下为无色，结合氧为蓝色。它占甲壳动物血清总蛋白的 60%～90%，在动物体内发挥着呼吸作用，为动物提供充足的氧气。其主要功能是氧的载体，此外，还具有调节渗透压、储存蛋白质、转运脱皮激素和产生抗真菌肽等功能，而且，在胰岛素、十二烷基磺酸钠（SDS）和凝集因子、抗菌肽等生物防御因子的作用下，能转化为酚氧化酶。已有报道，在节肢动物和软体动物中血蓝蛋白有酚氧化酶活性。

血蓝蛋白裂解产生的抗微生物肽与对虾的免疫反应有关。有人用 Sepharose 4B 交联白斑病毒和鱼的虹彩病毒制备成的亲和色谱柱，从斑节对虾的血淋巴中分离得到相对分子质量为 73000 和75000 的两条抗病毒蛋白，经质谱检测确定为血蓝蛋白，且这两种蛋白只对病毒起作用。近来又在大西洋白对虾和南美白对虾的血淋巴中分离得到 3 种带负电荷的抗真菌活性肽类，与血蓝蛋白 C-端

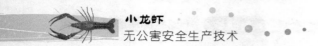

序列的一致性达 95％～100％。当对虾被感染后，血淋巴中这种血蓝蛋白 C-端序列的活性肽浓度升高，这表明血蓝蛋白的裂解是由生物学信号引起的。有人从小龙虾血浆中得到一种由 16 个氨基组成的抗菌肽，能抑制 G^+ 和 G^- 细菌生长。这种抗菌肽是血蓝蛋白在酸性条件下经蛋白酶剪切产生的。注射脂多糖和葡聚糖能促进血蓝蛋白产生和释放这种肽。这说明抗微生物肽可以被诱导、释放和激活，从而在机体的免疫防御中起作用。有人还在南美白对虾血清中分离到一种能与羊抗人 IgG 特异性反应的 IgG 样蛋白，经检测为血蓝蛋白。研究发现，除铜结合位点外，在此血蓝蛋白的 C-端还存在一个由 252 个氨基酸组成的似 Ig 的保守区域。此外，还分别在血蓝蛋白和 Ig 的重链及 k 链分别发现 4 个和 1 个相似保守区域。很有可能这些相似 Ig 的保守区域赋予了甲壳动物呼吸色素新的功能，使其能更好地发挥抗微生物作用。虽然到目前为止对血蓝蛋白的加工机制还不十分清楚，但它们在甲壳动物免疫系统中所起的作用不容忽视，所以，进行深入细致的研究，搞清楚其免疫机制，对于甲壳类经济动物的疾病控制是至关重要的。

二、免疫相关细胞

虾类的免疫相关细胞的主要防御方式是吞食、包围化以及形成结节。此外，由固着性细胞产生的吞噬作用和胞饮作用也是甲壳动物重要的机体防御功能。

1. 血细胞

关于甲壳动物血细胞的分类，已有部分研究报告，而不同研究者对血细胞的命名有所不同。导致甲壳动物血细胞名称复杂化的主要原因是不同的研究者在研究甲壳动物血细胞时所使用的方法有所不同，因为不同的抗凝剂、缓冲系统、试验温度、采血方法、保存时间、固定方法等，均可以导致甲壳动物血细胞的形态、细胞内颗粒大小和着色性出现较大的差异。

对甲壳动物血细胞进行分类最常用的方法是依据血细胞中是否存在颗粒以及颗粒的大小而分为 3 种，即将完全没有颗粒或者只有极少颗粒的血细胞称为无颗粒细胞（H 细胞），能看到小型颗粒的细胞称为小颗粒细胞（SG 细胞），细胞内能观察到大型颗粒的细胞称为大颗粒细胞（G 细胞）。也有人将 H 细胞进一步分为 2 种，这样血细胞总共就被分为 4 种。

血细胞最重要的免疫防御功能是吞噬作用。因动物种类的不同显示出吞噬活性的血细胞也有所不同，甚至具有相同形态的血细胞也可以显示出不同的吞噬活性。譬如单肢虾（Sicyonia ingentis）的 H 细胞无吞噬活性，而在其 SG 细胞和 G 细胞中能观察到吞噬活性。同是海产虾类的日本对虾（Penaeus japonicus），虽然 3 种血细胞的吞噬活性有所差异，但是，无论是 H 细胞、SG 细胞，还是 G 细胞却都具有吞噬能力。欧洲出产的宽大太平螯虾（Pacifatacus leniusoulus），血细胞的吞噬活性主要见于 H 细胞，SG 细胞极少参与吞噬活动，而 G 细胞则完全没有吞噬活性。绿泳蟹（Carcinus maenas）血细胞的吞噬活性只存在于 H 细胞。根据现有的研究结果，至少已经证明了虾类的 SG 细胞和 G 细胞，螯虾类和蟹类的 H 细胞是具有吞噬功能的。水产甲壳动物血清中也存在对血细胞吞噬活性具有调理作用的物质。澳大利亚出产的淡水龙虾（Parachaeraps bicarinatus）以及美洲龙虾（Homarus americanus）、单肢虾和日本对虾血清中存在调理活性物质都已经被证实。对于绿泳蟹，以往的报道认为其血清中不含调理活性物质，但是，后来的研究结果表明，在其血清中添加 β-1,3-葡聚糖后，能使血清中具有调理活性的物质活化，其调理活性即可显示出来。能激发甲壳动物血细胞吞噬活性的外因性物质，除作为真菌细胞壁成分的 β-1,3-葡聚糖外，还有从革兰阴性菌中提取的脂多糖（lipopolysaccharide，LPS）等。β-1,3-葡聚糖已被证实能刺激淡水小龙虾和海产绿泳蟹血细胞的吞噬活性，而 LPS 已经被证明能刺激美洲龙虾血细胞的吞噬活性。能导致甲壳动物血细胞吞噬活性急剧下降的外界因素主要有水温、饲养环境的恶化以及农药污染等。

脊椎动物的吞噬细胞内由于存在各种酶类，所吞噬的异物是在细胞内完成消化过程，具有很强的杀菌活性。而在水产甲壳动物

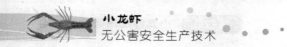
中，已经证明绿泳蟹和对虾的血细胞中也存在显示杀菌活性的酶类。但是，关于甲壳动物血细胞内的杀菌机制尚不清楚。

包围化是甲壳动物血细胞除吞噬活性外的另一类型免疫防御功能。当大量异物进入机体内，即使吞噬细胞进行吞噬也难以除去全部异物时，就会引起结节形成，即将异物包围在由血细胞形成的层状结构中将其与机体隔离开来，最终所形成的结节黑色素化。将蜡状芽孢杆菌（*Bacillus cereus*）作为异物注射到绿泳蟹体内，就可以在供试蟹的鳃部、心脏和肝脏中发现结节的形成。所谓包围化就是当异物的体积大于吞噬细胞时，血细胞与其他细胞联合将异物包围起来，形成类似于包囊的结构，将异物与机体隔离的现象。包围化现象可以在甲壳动物受到真菌感染和耐酸菌感染时观察到。从宽大太平螯虾血细胞提取液中精制的 76 千道尔顿的蛋白类物质，已经被证明是在包围化现象形成过程中起重要作用的物质。随后有人对这种物质的功能进行了详细的研究，其结果表明，这种蛋白质不仅是促进 SG 细胞完成包围化的重要因子，而且还具有促进 SG 细胞和 G 细胞的附着活性、脱粒细胞活性的作用，通过结合在血细胞表面受体上，还能使细胞内的酶活化，在细胞间情报传递方面也具有重要作用。

2. 固着性细胞

在水产甲壳动物中，具有清除外源蛋白类物质和病毒的胞饮能力的固着性细胞，主要有分布在鳃和触角腺的足细胞（podocyte）、附着在心脏和肌纤维上具有吞噬作用的吞噬性储藏细胞（phagocytic reserve cell）和连接肝胰腺细动脉的洞样血管内的固着性吞噬细胞。Oka 等（1957）首先报道了甲壳动物的淋巴样器官，指出对虾属的 5 种对虾中都存在淋巴样器官。随后，有人对日本对虾的淋巴样器官也进行了观察，但是，关于这种器官的功能则未见有详细的描述。Martin 等（1996）用电子显微镜对单肢虾的淋巴样器官进行了研究，发现这种虾的淋巴器官存在具有造血功能的造血小节，但是并没有用试管内培养干细胞的试验加以证明。Kondo 等（1993）对日本对虾的淋巴样器官进行研究时，发现这种器官内存在许多类似哺乳动物树状细网状细胞的细胞，因为这种细胞对炭粒子和乳胶颗粒具有较强的吞噬活性，所以认为这种器官是捕捉异物的淋巴组织，而不是造血小节。究竟是造血小节还是淋巴组织，有人认为有必要采用试管内细胞培养方法加以证实。

第二节
小龙虾的病害检查

一、检查方法

1. 肉眼检查法

病原体寄生在虾体后经常会浮现出一定的病理变化，有时症状很清楚，用肉眼就可诊断，例如水霉、大型的原生动物和甲壳类动物等。

2. 显微镜检查法（镜检法）

对于没有显著症状的疾病，以及症状明显但凭肉眼判别不出病原体的疾病，需要用显微镜检查，检查方法有以下两种。

（1）玻片压展法 用两片厚度为 3～4 毫米、大小约 6 厘米×12 厘米的玻片，先将要检查的器官或组织的一部分、或从体表刮下的黏液、或从肠管里取出的内含物等，放在其中的一片玻片上，滴加适量的清水或食盐水（体外器官或黏液用清水，体内器官、组织或内含物用 0.65% 的食盐水），用另一片玻片将它压成透明的薄层，即可放在解剖镜或低倍显微镜下检查。如发现病原体或某些可疑的病状，细心用镊子或解剖针、微吸管，将其从薄层中取出来，放在盛有清水或食盐水的培养皿里，待以后作进一步察看和解决。

（2）载玻片压展法 方法是用小剪刀或镊子取出一小块组织或一小滴内含物置于载玻片上，滴加一小滴水或生理盐水，盖上盖玻片，轻轻地压平后，先在低倍显微镜下检查，发现寄生虫或可疑景

象时，再用高倍显微镜细心检查。

二、检查步骤

检查病虾一定要按顺序进行，以免遗漏。总的次序是先体外，后体内。常见的病害大多发生在体表、鳃和肠道三个部位，是检查的重点。

1. 体表

将虾放在解剖盘里，首先察看其体色等情况，并留意外壳是否擦伤或糜烂，是否出血，是否有异常斑点等。

2. 鳃

鳃是特别容易被病原体寄生的器官，黏菌、水霉、鳃霉、各类原生动物、单殖类和复殖类囊蚴、软体动物的幼虫、甲壳类动物等，在鳃上都可能找到。第一步，肉眼检查。察看鳃丝色泽有无发黑、发白、肥肿；有无污泥、是否糜烂，鳃盖是否完好。第二步，检查鳃组织。将左右两边的鳃完好取出，分开放在培养皿里，用小剪刀取一小片鳃组织，放在载玻片上，加少量清水，盖上盖玻片，在镜下检查。取鳃丝检查时，最好从每边鳃的第一片鳃片接近两瓣的位置剪取一小块。因为这个地方寄生虫较集中。每边鳃至少要检查 2 次。

3. 肠道

检查肠道时，在肠道的前段、中段、后段各剪开一个小口，用小镊子从小口取出一些内含物放在载玻片上，加一小滴生理盐水，盖上盖玻片，在显微镜下检查病原生物。每段肠道要同时检查 2 次。再用剪刀小心地把整条肠道剪开（留意不要把肠道内可能存在的大型寄生虫剪断），把肠的内含物都刮下来，放在培养皿中，加入生理盐水稀释并搅匀，在解剖镜下检查，检查肠内壁有无溃烂。

三、注意事项

① 供作检查诊断用的虾，一定要用鲜活的或刚死不久的虾。否则会因虾死太久，其组织、器官糜烂变质，原来所表现的症状无

法辨别或病原体离开鱼体或死亡，从而无法正确鉴别。

② 在检查时遵循由表及里、先头后尾的原则，在解剖过程中，所分割的器官应维持其完好性，分开放置，并维持其湿润，避免干燥。同时还要避免各器官间病原体的互相污染。

③ 对于不能肯定的病变标本或病原体，应留下标本，以备日后作进一步研究。

第三节
小龙虾的疾病预防

一、发生病害的原因

为了更好地掌握小龙虾的发病规律和虾病发生的原因，必须了解小龙虾致病的外在因素与内在因素，只有这样才能正确找出发病的原因。

1. 环境因素

影响小龙虾健康生长的主要环境因素有水温、溶解氧、酸碱度等。

（1）水温　温度是影响水生变温动物生长、发育、繁殖、分布的重要因子。小龙虾的生存水温为 5～37℃，生长适宜水温为 18～26℃时，当温度低于 18℃或高于 32℃时，生长率下降。养殖水域日温差不能过大，仔虾、幼虾日温差不宜超过 3℃，成虾不要超过 5℃，否则会造成重大损失。小龙虾为变温动物，在正常情况下，小龙虾体温随着水体的温度变化而变化。当水温发生急剧变化时，机体容易产生应激反应而发生病理变化甚至死亡。例如，放养小龙虾虾苗时，温差如果大于 3℃，小龙虾虾苗很容易因温差过大而导致大批死亡。小龙虾在 4～25℃温度范围内，环境温度越低，心率越小，代谢率必然降低甚至进入休眠状态，这与小龙虾在 1～7℃

条件下休眠的生物学特征相符合。

（2）溶解氧　水质和底质影响养殖池水的溶解氧，并直接影响小龙虾的生存与生长。当溶解氧不足时，小龙虾的摄食量下降，生长缓慢，抗病力下降。当溶解氧严重不足时，小龙虾就会窒息死亡。小龙虾对溶解氧有较好的耐受力，当水中溶解氧低于 1 毫克/升时仍能正常呼吸。但小龙虾在蜕壳、孵化、育苗期需氧量明显增加，为了保证小龙虾养殖的最大安全和健康，则需要保持水中溶解氧在 4 毫克/升以上。

（3）酸碱度　小龙虾生长适宜 pH 值范围为 6.5～9，但在繁殖孵化期要求 pH 值在 7.0 以上，酸性水质不利于小龙虾的蜕壳、生长，而且会延长蜕壳时间或增加蜕壳死亡概率。

（4）水体透明度　小龙虾生长要求池塘水质"肥、活、嫩、爽"，透明度一般控制在 30～40 厘米。这样的水质，既有利于培育水中浮游生物、底栖动物和水生植物，给小龙虾提供丰富的天然生物饲料，节约饲料成本，又使水中保持一定的磷、钙、钾含量，满足小龙虾蜕壳生长的需要。

（5）总硬度　由于小龙虾自身生长蜕壳的需要，对水的总硬度与鱼类的要求有所不同。小龙虾要求水体总硬度为 50～100 毫克/升。据资料报道：当水质总硬度低于 20 毫克/升时，小龙虾蜕壳受到显著影响；当水质总硬度提高到 50 毫克/升以上时，小龙虾的生长状况明显好转，蜕壳较顺利，生长速度也快。

（6）重金属　小龙虾对环境中的重金属具有天然的富集功能。重金属通常通过小龙虾的鳃部进入虾体内，大量的重金属尤其是铁蓄积于小龙虾的肝胰脏中，容易影响肝胰脏的正常功能。养殖水体中高含量的铁是小龙虾体内铁的主要来源。尽管小龙虾对重金属具有一定的耐受力，但是一旦养殖水体中的重金属超过小龙虾的耐受限度，也会导致小龙虾中毒死亡。工业污水中的汞、铜、锌、铅等重金属元素含量超标，是引起小龙虾重金属中毒的主要原因。

（7）化肥、农药　在稻田养殖小龙虾时，一次性过量使用化肥（碳酸氢铵、氯化钾）时，可能引起小龙虾中毒。虾中毒后开始不安，随后疯狂倒游或在水面上蹦跳，直至无力静卧于池底而死亡。

小龙虾对菊酯类农药尤其敏感（如敌杀死），而预防水稻病害的许多农药都是菊酯类，因此，在养殖小龙虾时，切忌使用此类农药。

（8）其他化学成分和有毒有害物质　在小龙虾养殖中由于饵料残渣、鱼虾粪便、水草腐烂等产生许多有害物质，使池水产生自身污染，这些有害物质主要为氨、硫化氢、亚硝酸盐等。例如，水体中亚硝酸盐含量过高，就会使小龙虾发生急性中毒，甚至死亡。

除了养殖水体的自身污染外，有时外来的污染更为严重。工厂和矿山的排水中富含有毒的化学物质，如氟化物、硫化物、酚类、多氯联苯等；油井和码头往往有石油类或其他有毒的化学物质，这些物质都可能引起小龙虾急性或慢性中毒。

2. 病原体

导致小龙虾生病的病原体有病毒、细菌、真菌、原生动物等，这些病原体是影响小龙虾健康生长的主要原因。当病原体在小龙虾躯体上达到一定的数量时，就会导致小龙虾生病。

（1）病毒　目前，我国小龙虾病毒只发现一种即对虾白斑综合征病毒。近几年来，江苏、浙江等地相继出现小龙虾感染对虾白斑综合征病毒大批死亡。据报道，将病毒感染的对虾组织投喂给小龙虾，可以经口将对虾白斑综合征病毒传染给小龙虾，并导致小龙虾患病死亡，死亡率高达 90% 以上。

（2）细菌　细菌性疾病是与养殖环境恶化有关的一类疾病，因为大多数致病菌只有在养殖环境恶化的条件下，致病性才增强，并导致小龙虾各种细菌性疾病的发生。小龙虾的细菌病原主要有引起细菌性甲壳溃疡病的气单胞菌属、假单胞菌属、枸橼酸菌属；引起烂鳃病的革兰阴性菌。

（3）真菌　真菌是经常报道的小龙虾最重要的病原生物之一，小龙虾的黑鳃病、水霉病就是由真菌感染所引起的。真菌感染有多种诱因，可以来自体内，也可以来自体外。体内诱因多是影响机体抵抗力的各种其他疾病；体外诱因，如抗生素、免疫制剂的应用及外伤等。感染途径有内源性感染、外源性感染及条件致病菌感染。

（4）原生动物　寄生在小龙虾体表的主要有累枝虫、聚缩虫、钟虫和单缩虫等原生纤毛虫，原生纤毛虫成群附着于小龙虾体表，虽然不会造成小龙虾死亡，但严重影响小龙虾的商品价值。

（5）后生动物　寄生在小龙虾体内的后生动物主要有复殖类（吸虫）、绦虫类（绦虫）、线虫类（蛔虫）和棘头虫类（新棘虫）等蠕虫。大多数寄生的后生动物对小龙虾健康影响不大，但大量衍生时可能导致小龙虾器官功能紊乱。

与小龙虾共生的后生动物包括涡虫类切头虫、环节动物和几种节肢动物。这些生物的附着很少引起小龙虾发生疾病。但当水质恶化时，这些生物的大量附着就可能导致小龙虾正常的生理状况受到影响而发生疾病。

3. 人为因素

（1）操作不规范　在小龙虾养殖过程中，需放养虾苗、虾种，小龙虾上市季节经常对小龙虾采取轮捕轮放、捕大留小，往往在操作过程中动作粗暴，导致小龙虾身体受损，造成病菌从伤口侵入，使小龙虾患病。

（2）从外部带入病原体　从天然水域中采集水草、捕获活饵或购买饵料生物，没有经过严格的消毒就投放到小龙虾养殖水域中，就有可能带入病原体。

（3）投喂不合理　小龙虾生长需要一定的合理的营养成分，如果投饵过少，不能满足小龙虾生长所需，小龙虾生长缓慢、体弱，容易患病。如果长期投喂营养成分单一的饲料，小龙虾缺乏合理的蛋白质、维生素、微量元素等，就会缺乏营养，造成体质衰弱，免疫力下降，也很容易感染疾病。如果投饵过多，造成饵料在水中腐烂变质，水质恶化，或投喂不清洁、变质的饲料，小龙虾也很容易生病。因此，合理投喂饵料是小龙虾健康生长的重要保障。

（4）水质控制不好　小龙虾喜欢清新的水质，在小龙虾养殖过程中，如果不及时换水或不定期使用水质调节剂，腐烂的水草不及时捞走，增氧设施不合理使用，就很难控制好水质，容易导致各种病原体滋生。

（5）放养密度或混养比例不合理 合理的放养密度或混养比例，有助于提高水体的利用率。但放养密度过大，混养的品种、数量过多，会加重水体的负荷，使水质不容易控制，各种养殖水生动物正常生长摄食受到影响，抵抗力下降，发病率提高。

（6）消毒不严格 平时工具、食物、食台、养殖水体、虾体消毒不严格，会增加小龙虾发病率。患病的养殖池使用的工具不实行专池专用，也能使病原体重复感染或交叉感染。

（7）进、排水系统不独立 由于进、排水使用同一条管道，往往造成一池虾生病感染，所有虾池的虾都生病感染的现象。

二、病害预防措施

在小龙虾的生产过程中，疾病预防是一项很重要的工作。利用生态学基本原理指导水产养殖动物的疾病防治工作，无疑是正确的。国内现在对利用生态学原理防治水产养殖动物的疾病比较重视，比如说使用微生态制剂改良水质。除了改良水质，改变疾病发生所需的其他客观条件也是生态防治的一种手段。在实际生产中，主要抓好以下几项预防措施。

（1）养殖池消毒 在虾种放养前，应对养殖池进行彻底清塘，杀灭池塘中的病原体。通常排干池水后用二氧化氯3毫克/升全池泼洒，并搅拌淤泥。

（2）水草消毒 虾塘中移栽的水草，应先消毒后再栽种，通常用10毫克/升的高锰酸钾溶液浸泡10分钟。

（3）虾体消毒 在小龙虾投放前，先对虾体进行消毒，常用方法是用3%～5%的食盐水浸洗5分钟。

（4）工具消毒 凡是在养殖过程中使用的工具，都必须进行消毒后方可使用。消毒时一般用15毫克/升的高锰酸钾溶液或10毫克/升的硫酸铜溶液浸泡10分钟以上。尤其是接触病虾的工具更应隔离消毒，专池专用。

（5）饵料消毒 投喂鲜活饵料时，必须经过严格的消毒程序。

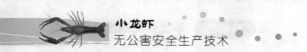

一般先洗净去污，然后用5％的食盐水浸泡5分钟后再投喂。如投喂冰鲜鱼，则须将冰鲜鱼解冻后，洗净消毒后再投喂。

（6）控制水质　保持水质清新，在6～9月高温季节，每7～10天加注1次新水，每次加水深20～30厘米。减少粪便和污物在水中分解产生有毒有害物质。早春与晚秋也要每隔10～15天加注新水1次，每次加水深20～30厘米。

（7）药物预防　保持水质"肥、活、嫩、爽"。保持水质也可用药物调节。每隔10天全池泼洒微生态制剂或生石灰1次，消除水体中的氨氮、亚硝酸盐、硫化氢等有害物质，保持池水的酸碱平衡和溶解氧水平，使水环境处于良好状态。

（8）提供良好的生态环境　主要是提供小龙虾生长所需的水草，一是人工种植的水草，二是利用天然生长的水草，三是利用水稻、水芹等人工种植的经济作物。

第四节
常见疾病与防治

一、病毒性疾病

小龙虾的病毒性疾病主要是白斑综合征病毒病，白斑综合征病毒（WSSV）发作，引起细菌感染。白斑综合征病毒为一种无包涵体杆状病毒，地理分布广，流行范围大，传染性强，虾体被白斑综合征病毒感染后，就会引起气单胞菌属的细菌继发感染，造成批量性死亡。

（1）病原与病症　该病由无包涵体白斑病毒引起。病虾厌食，行动迟钝或静卧不动，活力下降，应激性下降，多伴有腹部肌肉混浊，发病后期虾体皮下、甲壳及附肢出现白色斑点，甲壳软化，头胸甲易剥离，肝胰腺呈棕黄色或白色。病害呈暴发性，死亡率高，故称为暴发性白斑综合征（彩图 25、彩图 26）。

（2）防治方法

① 彻底清淤消毒，严格检测亲虾。

② 发现病虾要及时隔离，并对虾池水体整体消毒，水深 1 米的池子，用生石灰 20～25 千克/亩全池泼洒，最好每月泼洒 1 次。

③ 保持虾池环境稳定，加强巡池观察，不采用大排大灌换水方法。

④ 饲料中添加 0.2%～0.3% 的稳定维生素 C 或多糖。

⑤ 内服药物用氟苯尼考按 1.25～1.5 克/千克拌料投喂，连喂5 天。

二、细菌性疾病

1. 烂鳃病

（1）病原与病症　这种病由弧菌和其他杆菌感染引起。细菌附生在病虾鳃上并大量繁殖，阻塞鳃部的血液流通，妨碍呼吸，严重者鳃丝发黑、霉烂。病虾浮于水面，行动缓慢、失常，迟钝，厌食，最后衰竭而死（彩图 27）。

（2）防治方法

① 定期清除虾池中的残饵、污物，注入新水，保持良好的水体环境。

② 每立方米水体用 3 克漂白粉全池泼洒，治疗效果较好。

③ 全池泼洒鳃净或二氧化氯，病情严重连用 2 天，如水质过浓，可同时加底质改良剂。

2. 甲壳溃疡病

（1）病原与病症　这种病是由几丁质分解细菌感染而引起的。感染初期病虾甲壳局部出现颜色较深的斑点，后斑点边缘溃烂、出现空洞。严重时，出现较大或较多空洞导致病虾内部感染，直至造成死亡（彩图 28）。

（2）防治方法

① 运输和投放虾苗虾种时，不要堆压和损伤虾体。

② 饲养期间饲料要投足、投均匀，防止虾因饵料不足相互争食或残杀。

③ 发生此病，用每立方米水体 15～20 克的茶粕浸泡液全池泼洒。

④ 用每立方米水体 2～3 克的漂白粉全池泼洒，可以起到较好的治疗效果。

⑤ 全池泼洒聚维酮碘或其他消毒类药物。

⑥ 烂鳃、溃烂之类疫病，慎用卤族元素消毒剂，否则会加重腐烂，二氧化氯除外，它的基本原理是氧化性。

三、真菌性疾病

1. 水霉病

（1）病原与病症　这种病由水霉菌所致。患水霉病的小龙虾伤口处的肌肉组织长满菌丝，组织细胞逐渐坏死。病虾消瘦乏力，游动失常，摄食量降低，患病的虾常浮出水面或依附水草露出水外，行动缓慢呆滞（彩图29）。

（2）防治方法

① 彻底清塘消毒。

② 在捕捞、搬运过程中，避免虾体损伤；选择晴天拉网。

③ 每立方米水体用 400 克食盐和 400 克小苏打合剂全池遍洒，预防水霉病效果最佳。

④ 用水霉净全池泼洒，使池水浓度为 0.2～0.4 毫克/升。

⑤ 发病期间，用 1 毫克/升浓度漂白粉全池泼洒，也有一定疗效。

2. 小龙虾瘟疫病

（1）病原与病症　这种病的病原是 Aphanomyces astaci 真菌，俗称偷死病。病虾的体表有黄色或褐色斑点，在附肢和眼柄的基部有真菌的丝状体，病原侵入小龙虾体内，攻击中枢神经，损害神经系统。病虾呆滞，活动性减弱或活动不正常，极易造成病虾大批量死亡（彩图30、彩图31）。

（2）防治方法　保持饲养水体清新，并维持正常的水色和透明度是防治小龙虾瘟疫病的有效方法。

四、寄生虫病

1. 纤毛虫病

（1）病原与病症　这种病是由累枝虫、聚缩虫、钟形虫、单缩虫等寄生引起的。纤毛虫附着在虾体表、附肢、鳃上，大量附着时，会妨碍小龙虾的呼吸、活动、摄食和蜕壳功能，影响其生长发育，虾体表沾满了泥脏物，并拖着絮状物，俗称"拖泥病"（彩图32、彩图33）。

（2）防治方法

① 彻底消毒，杀灭病原，保持水质清新。

② 虾种放养时，用1%食盐水浸洗3～5分钟。

③ 泼洒纤虫净，若杀虫不彻底，可在7天后再用1次。

④ 用浓度为0.7毫克/升的硫酸铜和硫酸亚铁合剂（5∶2）全池泼洒。

⑤ 用季铵盐络合碘全池泼洒消毒。

2. 孢子虫病

（1）病原与病症　孢子虫病是由微孢子虫所致，在死亡的虾体中也有胶孢子虫被发现。病虾肌肉变白，组织松散柔软，有的背面和背侧面可见蓝黑色色素沉淀。孢子虫寄生在生殖腺或血管和消化道的平滑肌中，最主要的是在虾背部中线有不透明的白色区。

（2）防治方法　在放虾前用生石灰对池塘彻底消毒；对已有发病史的池塘，冬天干塘、冻晒，达到消毒目的。放养前用1%～2%的食盐水对虾种浸泡消毒。如发现病虾与死虾，要及时捞出深埋处理，防止病情扩散。

五、敌害生物

通过归纳总结笔者发现，小龙虾的主要敌害生物有四种：鱼类、青蛙、鸟类和蚂蟥。其中鱼类主要包括直接吞食的黑鱼、黄鳝、鳜鱼等和与小龙虾争食饵料的鲫鱼、鳑鲏和麦穗鱼等。青蛙是小龙虾幼虾的最大敌害，据测定，一只青蛙一昼夜可吃掉 $10 \sim 15$ 只幼虾。危害小龙虾的鸟主要有翠鸟、苍鹭、池鹭等，这些水鸟不仅直接吞食虾类，还是虾病的传播者。蚂蟥的主要危害对象为成虾，多寄生在腹部附肢间，被寄生处的外部组织受到破坏，引起贫血和感染，直接影响小龙虾的生长发育，严重者，往往会引起失血过多而死亡。

第五节
无公害用药的注意事项

一、选用合适的药物

（1）有效性原则　为使患病小龙虾尽快好转和恢复健康，减少生产上和经济上的损失，在用药时应尽量选择高效、速效和长效的药物，用药后的有效率应达到 70% 以上。

（2）安全性原则　药物的安全性主要表现在以下三个方面：一是药物在杀灭或抑制病原体的有效深度范围内对小龙虾本身的毒性损害程度要小，因此有的药物疗效虽然很好，但因毒性太大在选药时不得不放弃，而改用疗效居次、毒性作用较小的药物；二是对水环境的污染及其对水体微生态结构的破坏程度要小，甚至对水域环境不能有污染；三是对人体健康的影响程度也要小，在小龙虾被食用前应有一个停药期，并要尽量控制使用药物，特别是对确认有致癌作用的药物（如孔雀石绿、呋喃丹、敌敌畏、六六六等）应坚决禁止使用。

（3）廉价性原则　选用药物时，应多作比较，尽量选用成本低的药物。许多药物，其有效成分大同小异，或者药效相当，但价格相差很远，对此，要注意选用药物。

（4）方便性原则 由于给小龙虾用药极不方便，可根据养殖品种以及水域情况，确定到底是使用泼洒法、口服法还是浸泡法给药，应选择疗效好、安全、使用方便的用药方法。

二、科学计算用药量

虾病防治上内服药的剂量通常按小龙虾体重计算，外用药则按水的体积计算。

1. 内服药

首先应比较准确地计算出养殖水体内小龙虾的总重量，然后折算出给药量的多少，再根据小龙虾环境条件、吃食情况确定出小龙虾的吃饵量，最后将药物混入饲料中制成药饵进行投喂。

2. 外用药

先算出水的体积。水体的面积乘以水深就得出体积，再按施药的浓度算出药量，如施药的浓度为 1 毫克/升，则 1 米^3 水体应该用药 1 克。

如某虾池长 100 米、宽 40 米、平均水深 1.2 米，那么使用药物的量就应这样推算：虾池水体的体积是 100 米×40 米×1.2 米＝4800 米^3，假设某种药的用药浓度为 0.5 克/米^3，那么按规定的浓度算出药量为 4800 × 0.5 ＝ 2400 克。即这口小龙虾池需用药2400 克。

在为小龙虾养殖户提供技术服务时，我们常常发现一个现象，就是一些养殖户在用药时会自己随意加大用药量，有的甚至比我们为他开出药方的剂量高出 3 倍左右，他们加大药剂量的随意性很强，往往今天用 1 毫克/升的量，明天就敢用 3 毫克/升的量，在他们看来，用药量大了，就会起到更好的治疗效果。这种观念是非常错误的，任何药物只有在合适的剂量范围内，才能有效地防治疾病。如果剂量过大甚至达到小龙虾致死浓度时则会发生小龙虾药物中毒事件。所以用药时必须严格掌握剂量，不能随意加大剂量，当然也不要随意减少剂量。

三、按规定的剂量和疗程用药

一般泼洒用药连续 3 天为 1 个疗程，内服用药 3～7 天为 1 个疗程。在防治疾病时，必须用药 1～2 个疗程，至少用 1 个疗程，以保证治疗彻底，否则疾病易复发。有一些养殖户为了省钱，往往看到虾的病情有一点好转时，就不再用药了，这种用药方法是不值得提倡的。

在小龙虾疾病的防治上，不同的剂型、不同的用药方式，对药效的影响是不同的。例如，内服药的剂量是按小龙虾体重来计算的，而外用消毒药物的剂量则是按照小龙虾生活的水体体积来计算的，不同的剂量不仅可以产生药物作用强度的变化，甚至还能产生药物性质上的变化。当药物剂量过小时，对小龙虾疾病的防治起不到任何作用。将能够使病虾产生药效作用的最小剂量称为最小有效量；当药物持续运用到一定量甚至达到小龙虾所能忍受的最大剂量但并没有中毒，这时的最大剂量称为最大耐受量。我们在防治虾病时，对药物的使用范围都是集中在最小有效量和最大耐受量之间，也就是我们常说的安全范围，在这个安全范围内，随着药物剂量的增加，药物的效果也随之增加。在具体应用时，这个剂量要灵活掌握，它还与小龙虾的健康状况、使用环境、药物剂量等多种因素有关。

四、正确的用药方法

小龙虾患病后，首先应对其进行正确而科学的诊断，根据病情病因确定有效的药物；其次是选用正确的给药方法，充分发挥药物的效能，尽可能地减少不良反应。不同的给药方法，决定了对虾病治疗的不同效果。

常用的小龙虾给药方法有以下几种。

1. 挂袋（篓）法

挂袋（篓）法即局部药浴法，把药物尤其是中草药放在自制布袋或竹篓或袋泡茶纸滤袋里挂在投饵区中，形成一个药液区，当小龙虾进入食区或食台时，使小龙虾得到消毒和杀灭小龙虾体外病原体的机会。通常要连续挂 3 天，常用药物为漂白粉。另外，池塘四角水体循环不畅，病菌病毒容易滋生繁衍；靠近底质的深层水体，有大量病菌病毒生存；固定食场附近，小龙虾和混养鱼的排泄物、残剩饲料集中，病原物密度大。对这些地方，必须在泼洒消毒药剂的同时，进行局部挂袋处理，比重复多次泼洒药物效果好得多。

此法只适用于预防及疾病的早期治疗。优点是用药量少，操作简便，没有危险及不良反应。缺点是杀灭病原体不彻底，因只能杀死食场附近水体的病原体和常来吃食的小龙虾身体表面的病原体。

2. 浴洗（浸洗）法

浴洗法是将小龙虾集中到较小的容器中，放在按特定方法配制的药液中进行短时间强迫浸浴，来达到杀灭小龙虾体表和鳃上病原体为目的的一种方法。它适用于小龙虾苗种放养时的消毒处理。

浴洗法的优点是用药量少，准确性高，不影响水体中浮游生物生长。缺点是不能杀灭水体中的病原体，所以通常配合转池或运输前后预防消毒用。

3. 泼洒法

泼洒法就是根据小龙虾的不同病情和池中总的水量算出各种药品剂量，配制好特定浓度的药液，然后向虾池内慢慢泼洒，使池水中的药液达到一定浓度，从而杀灭小龙虾身体及水体中的病原体。

泼洒法的优点是杀灭病原体较彻底，预防、治疗均适宜。缺点是用药量大，易影响水体中浮游生物的生长。

4. 内服法

内服法就是把治疗小龙虾疾病的药物或疫苗掺入小龙虾喜吃的饲料，或者把粉状的饲料挤压成颗粒状、片状后来投喂小龙虾，从而杀灭小龙虾体内病原体的一种方法。但是这种方法常用于预防或虾病初期，同时，这种方法有一个前提，即一定要在小龙虾自身有食欲的情况下使用，一旦病虾已失去食欲，此法就不起作用了。

5. 浸沤法

此法只适用于草药预防虾病，将草药扎捆浸沤在虾池的上风头

或分成数堆，杀死池中及小龙虾体外的病原体。

6. 生物载体法

生物载体法即生物胶囊法。当小龙虾生病时，一般都会食欲大减，生病的小龙虾很少主动摄食，要想让它们主动摄食药饵或直接喂药就更难，这个时候必须把药包在小龙虾特别喜欢吃的食物中，特别是鲜活饵料中，就像给小孩喂食糖衣药片或胶囊药物一样，可避免药物异味引起厌食。生物载体法就是利用饵料生物作为运载工具把一些特定的物质或药物摄取后，再由小龙虾捕食到体内，经消化吸收而达到治疗疾病的目的，这类载体饵料生物有丰年虫、轮虫、水蚤、面包虫及蝇蛆等天然活饵。常用的生物载体是丰年虫。

第六节
常用药物对小龙虾的安全性

小龙虾因为独特的身体结构和超强的抵抗能力，和其他动物相比抗病能力较强、抗环境污染能力较强。但是，小龙虾也有敏感的药物，多年来学者研究了各种环境毒物、农药等对小龙虾的毒性，本节将相关研究结果总结如下，从而指导养殖户在小龙虾养殖及病害防治时科学用药。

一、常用农药及杀虫药对小龙虾的毒性

小龙虾幼虾对不同农药的耐受力相差较大，具体结果见表 4-1 和表 4-2。

表 4-1　农药对小龙虾的毒性作用

农药名称	虾阶段	24 小时 /（毫克/升）	48 小时 /（毫克/升）	96 小时 /（毫克/升）	安全浓度 /（毫克/升）
敌杀死	幼虾	4.62×10^{-3}	3.07×10^{-3}		4.07×0^{-4}
索虫亡	幼虾	2.28×10^{-2}	1.46×10^{-2}		1.80×10^{-3}

续表

农药名称	虾阶段	24小时/（毫克/升）	48小时/（毫克/升）	96小时/（毫克/升）	安全浓度/（毫克/升）
百草一号	幼虾	16.7	15.8		4.16
敌敌畏	幼虾	0.257	0.198		3.72×10^{-2}
卷清	幼虾	4.73×10^{-3}	4.33×10^{-3}		1.09×10^{-3}
逐灭（池塘水）	幼虾	8.91×10^{-2}	3.48×10^{-2}		1.59×10^{-3}
逐灭（自来水）	幼虾	2.97×10^{-2}	1.48×10^{-2}		1.10×10^{-3}
锐劲特	幼虾	8.90×10^{-2}	6.01×10^{-2}		8.22×10^{-3}
抑虱净	幼虾	8.08	6.47		1.24
草甘膦	幼虾	5.52×10^{-3}	4.06×10^{-3}		6.59×10^{-2}
星科	幼虾	0.364	0.199		1.78×10^{-2}
敌杀死	虾苗	0.0005			
毒死蜱	虾苗	28.24×10^{-3}	19.50×10^{-3}	13.1×10^{-3}	2.79×10^{-3}
敌百虫	成虾		2.78		0.264
克虫威	成虾		0.31×10^{-3}		0.024×10^{-3}
敌杀死	成虾		0.19×10^{-3}		0.043×10^{-3}
氯虫苯甲酰胺	成虾			80	75.2
氯氰菊酯	成虾			0.063	0.006
吡虫啉	成虾			10.980	1.095

表 4-2 养殖小龙虾稻田使用农药安全试验（仿常先苗）

农药名称	使用浓度	用药方法	对水稻的作用	对小龙虾的毒性
5%啶虫脒	10～20克/亩	喷雾	主治飞虱、叶蝉	无毒、安全
100亿生物BT（苏云金杆菌）	150毫升/亩	喷雾	主治稻纵卷叶螟	无毒、安全
20%三环唑	100克/亩	喷雾	主治稻瘟病	中毒、安全
50%多菌灵	75克/亩	喷雾	主治水稻纹枯病、恶苗病、穗瘟	无毒、安全
80%杀虫单	35～40克/亩	喷雾	主治二化螟、三化螟	中毒、安全
10%氯氰菊酯	30～50克/亩	喷雾	主治叶卷螟、稻飞虱子	高毒、致死

二、常用消毒剂对小龙虾的毒性

谭树华采用换水式渔药毒性检验方法，研究了溴氯海因、三氯异氰脲酸、高锰酸钾、二氧化氢对小龙虾成虾的急性毒性作用。24小时的半致死浓度分别为 35.76 毫克/升、155.88 毫克/升、45.58毫克/升、565.00 毫克/升；48 小时的半致死浓度分别为 20.28 毫克/升、94.76 毫克/升、27.54 毫克/升、313.31 毫克/升；安全浓度分别为 1.96 毫克/升、10.51 毫克/升、2.65 毫克/升、28.95 毫克/升。小龙虾对几种水产药物的敏感性依次为溴氯海因＞高锰酸钾＞三氯异氰脲酸＞二氧化氢。其中二氧化氢、三氯异氰脲酸和溴氯海因可安全使用；高锰酸钾可用于成虾的泼洒消毒，药浴时浓度须低于常规用量，应根据虾的规格大小调整使用浓度。小龙虾对二氧化氢的耐受性最强，其次是三氯异氰脲酸，而对溴氯海因、敌百虫、克虫威和敌杀死的安全浓度要低得多，生产中需谨慎使用。

赵朝阳采用静水生物毒性试验法测定了高锰酸钾、生石灰和食盐对小龙虾幼虾的急性毒性作用，发现高锰酸钾、生石灰和食盐对小龙虾幼虾 24 小时的半致死浓度分别为 9.45 毫克/升、95.12 毫克/升和 13.66 克/升；48 小时的半致死浓度分别为 5.09 毫克/升、62.46 毫克/升和 10.83 克/升；96 小时的半致死浓度分别为 4.01毫克/升、47.57 毫克/升和 8.95 克/升。高锰酸钾、生石灰和食盐对小龙虾幼虾的安全浓度分别为 0.44 毫克/升、8.08 毫克/升和2.04 克/升。对几种药物的敏感浓度为高锰酸钾＞食盐＞生石灰，小龙虾对这几种药物具有较高的耐受性。

刘青以常温静水方法进行了苯扎溴铵、新型代森类杀菌剂乙撑双二硫代（敌菌磷）氨基甲酸铵对小龙虾的急性毒性，24 小时、48 小时、96 小时的半致死浓度分别为 19.40 毫克/升和 14.40 毫克/升、13.35 毫克/升和 114.32 毫克/升、83.80 毫克/升和 67.56毫克/升，安全浓度分别为 1.34 毫克/升和 6.76 毫克/升。这两种药物对小龙虾反应逐步迟缓，无激烈的抵御反应，缩尾，侧卧于水中，仰卧于水中，不能自行翻身，仅附肢微弱摆动，最终死亡。新型代森类药物的半致死浓度约是苯扎溴铵制剂的 5 倍，以此来看，新型代森类药物的安全性较好，建议在生产实践中结合实际杀虫效果合理使用。

三、重金属对小龙虾的毒性

赵朝阳等研究了硫酸铜、高锰酸钾对小龙虾幼虾的急性毒性，研究结果表明，24 小时的半致死浓度分别为 12.81 毫克/升、9.45 毫克/升；48 小时的半致死浓度分别为 7.93 毫克/升、5.09 毫克/升；96 小时的半致死浓度分别为 5.68 毫克/升、4.01 毫克/升；安全浓度分别为 0.91 毫克/升、0.44 毫克/升。谭树华采用换水式渔药毒性试验方法，研究了高锰酸钾、硫酸铜对小龙虾成虾的急性毒性作用，24 小时的半致死浓度分别为 45.58 毫克/升、132.45 毫克/升；48 小时的半致死浓度分别为 27.54 毫克/升、75.25 毫克/升；96 小时的半致死浓度分别为 12.89 毫克/升、37.07 毫克/升；安全浓度分别为 2.65 毫克/升、12.82 毫克/升。

镉（Cr^{6+}）对小龙虾 24 小时、48 小时、72 小时、96 小时的半致死浓度分别为 335.48 毫克/升、165.23 毫克/升、117.51 毫克/升、92.52 毫克/升，安全浓度为 9.25 毫克/升。汞（Hg^{2+}）对小龙虾 24 小时、48 小时、72 小时、96 小时的半致死浓度分别为 1.85 毫克/升、0.65 毫克/升、0.35 毫克/升、0.08 毫克/升，安全浓度为 0.008 毫克/升。汞（Hg^{2+}）对小龙虾的毒性大于镉（Cr^{6+}），其安全浓度分别为相应渔业水质标准的 92.5 倍和 16 倍，表明小龙虾具有强的耐镉（Cr^{6+}）和耐汞（Hg^{2+}）污染的能力。

铬（Cd^{2+}）对小龙虾成虾 24 小时、48 小时、72 小时、96 小时的半致死浓度分别为 1197.09 毫克/升、142.06 毫克/升、90.85 毫克/升和 82.64 毫克/升，安全浓度为 0.6 毫克/升。铬（Cd^{2+}）对小龙虾的毒性为高毒性，十二烷基磺酸钠（SDS）和铬（Cd^{2+}）同时作用于小龙虾时毒性增强。铬（Cd^{2+}）对小龙虾幼虾（体重 0.0142~0.0308 克）24 小时、48 小时、72 小时的半致死浓度分别为 5.315 毫克/升、1.371 毫克/升和 0.414 毫克/升，安全浓度为

0.027 毫克/升，为相应渔业水质标准的 5.5 倍。

王建国等研究发现硫酸锌对小龙虾幼虾 24 小时、48 小时、72 小时、96 小时的半致死浓度分别为 84.48 毫克/升、16.50 毫克/升、4.78 毫克/升、2.60 毫克/升，安全浓度为 0.26 毫克/升；对小虾 24 小时、48 小时、72 小时、96 小时的半致死浓度分别为 947.37 毫克/升、455.54 毫克/升、296.68 毫克/升和 226.41 毫克/升，安全浓度为 22.64 毫克/升；对成虾 24 小时、48 小时、72 小时、96 小时的半致死浓度分别为 2769.3 毫克/升、118.21 毫克/升、441.94 毫克/升和 277.04 毫克/升，安全浓度为 27.70 毫克/升。硫酸锌暴露初期，虾的小触角弹动加快，烦躁多动，不停地向后急速弹动或在容器底部不停爬动，部分虾沿充气管向外爬，企图逃走，浓度越大不适反应越强烈。2 小时左右，水体出现混浊，濒死的虾全身附着一层白色物质，其中，口器、鳃及四肢处聚集大量絮状物质，呈白色或黄色。

宋维彦等采用静水生物法、充气和恒温法研究了 5 种重金属离子对小龙虾的急性毒性作用，发现重金属离子的毒性顺序由大到小依次为汞（Hg^{2+}）、铬（Cd^{2+}）、铜（Cu^{2+}）、铅（Pb^{2+}）和锌（Zn^{2+}）。根据毒性分级标准，5 种重金属离子对小龙虾均为高毒物，其安全质量浓度依次为 0.0143 毫克/升、0.0322 毫克/升、0.0401 毫克/升、0.1995 毫克/升和 0.2795 毫克/升。

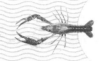

第五章

小龙虾的捕捞与运输

第一节
小龙虾的捕捞

一、小龙虾的捕捞时间

小龙虾生长速度较快，池塘饲养小龙虾，经过3～5个月的饲养，成虾规格达到30克以上时，即可捕捞上市。3～4月放养的幼虾，5月底即可开始捕捞，7月中旬集中捕捞，7月底前全部捕捞完毕；9～10月放养的小龙虾幼虾，到翌年3月即可开始捕捞，5月底可捕捞完毕。

二、捕捞工具

小龙虾常见的捕捞工具有地笼、虾笼、手抄网和拖网。

1. 地笼

常见的是用网片制作的软式地笼，每只地笼20～30米，由10～20个网格组成，方格用外包塑料皮的铁丝制成，每个格子两侧分别有两个倒须网，方格四周有聚乙烯网衣，地笼的两端结以结网，结网中间用圆形圈撑开，供收集小龙虾之用。进入地笼的虾由倒须网引导进入结网形成的袋头，最后倒入容器销往市场。不同网目的地笼能捕捞不同规格的虾，养殖户可根据自己的需要购买不同网目的地笼（彩图34）。

2. 虾笼

虾笼是用竹篾编制的直径为10厘米的"丁"字形筒状笼子。虾笼两端入口设有倒须，虾只能进不能出。在笼内投放味道较浓的饵料，引诱小龙虾进入，进行捕捉。通常傍晚放置虾笼，清晨收集虾笼，倒出虾，挑选大规格的小龙虾进行出售，小规格的放回池中继续养殖（彩图35）。

3. 手抄网

手抄网有圆形手抄网和三角形手抄网。三角形手抄网是把虾网上方扎成四方形，下方为漏斗状，捕虾时不断地用手抄网在密集生长的水草下方抄虾（彩图36）。

4. 拖网

由聚乙烯网片组成，与捕捞夏花鱼种的渔具相似。拖网主要用于集中捕捞。在拖网前先降低池塘水位，以便操作人员下池踩纲，一般水位降至80厘米左右为好（彩图37）。

三、小龙虾的捕捞方法

小龙虾的捕捞方法有很多，可用上述虾笼、地笼、手抄网等工具捕捉，也可拉网捕捞，最后再干池捕捞。在3月中旬至7月上旬，采用虾笼、地笼起捕，效果较好。进入7月中旬即可拉网捕捞，尽可能将池中达到规格的虾全部捕捞上来。7月底以后，地笼捕捞虾量急剧减少，小龙虾在8月开始掘洞穴居。捕捞应采用捕大留小的方法，达不到上市规格的应留池继续饲养，以提高养殖的经济效益。

四、捕捞注意事项

① 如果小龙虾掘洞进入地下，则不必强行捕捉，让其进入地下繁殖，没有必要挖洞捕捉，以免对池塘结构造成破坏。

② 切忌使用"龙虾恨"等药物将虾逼出洞穴的方法进行捕捞。因为在捕捞前期，使用药物会使小龙虾产品有药物残留，影响产品质量甚至对消费者身体造成危害，不符合无公害水产品的规范要求。

③ 特别需要强调的是，小龙虾在捕捞前，池塘和稻田等养殖区域的防病治病要慎用药物，特别是严禁使用那些有害、易残留的药品。

④ 合理控制地笼的网目，以免网目太小损伤小龙虾，网目太大影响捕捞效果。

⑤ 地笼下好后，要定期检查，防止地笼中小龙虾过多而窒息死亡，并及时分拣，将不符合商品虾规格的小龙虾及时放回池塘中继续养殖。

| 第二节 |

小龙虾的运输

小龙虾的运输分为幼虾（虾苗、虾种）运输与商品虾运输。幼虾运输目前常采用塑料周转箱加水草运输；也可以采用氧气袋充气运输，但需注意个体不宜过大，大个幼体头胸甲前部的额剑很容易刺破氧气袋，造成运输失败。商品虾由于生命力较强，离水后可以成活很长时间，因此其运输相对方便和简单。

一、幼虾运输

这是虾苗生产和市场流通的一个重要技术环节。通过运输，将虾苗快速安全地运送到养虾生产目的地。小龙虾幼虾的运输有干法运输和氧气袋充氧运输两种方式。

干法运输时，多采用竹筐、塑料筐或塑料泡沫箱。在容器中先铺上一层湿水草，然后放入部分幼虾，其上又盖上一层水草，再放入部分幼虾，每个容器中可放入多层幼虾（彩图 38）。需要注意，用塑料泡沫箱作装虾容器时，要先在泡沫箱上开几个小孔，防止幼虾因缺氧而死亡。

氧气袋充氧运输时，氧气袋灌入适量水后，每个充氧尼龙袋装虾密度一般为 300~2000 尾，充足氧气即刻密封即可。运输用水最好取自幼虾培育池或暂养池的水。

二、成虾运输

运输小龙虾成虾多采用干法运输。首先，要挑选体格健壮、刚捕捞上来的小龙虾进行运输。用竹筐或塑料泡沫箱作运输容器均可（彩图 39），最好每个竹筐或塑料泡沫箱装同样规格的小龙虾。先将小龙虾摆上一层，用清水冲洗干净，再摆第二层，摆到最后一层后，铺上一层塑料编织袋，浇上少量水后，撒上一层碎冰（1.0～1.5 千克），盖上盖子封好。用塑料泡沫箱作为装成虾的容器时，要事先在泡沫箱上开几个孔。

三、注意事项

为了提高运输的成活率，减少不必要的损失，在小龙虾的运输过程中要注意以下几点。

① 在运输前必须对小龙虾进行挑选，尽量挑选体格强壮、附肢齐全的个体进行运输。

② 需要运输的小龙虾要进行停食和暂养，让其胃肠内的污物排空，避免运输途中的污染。

③ 选择合适的包装材料，短途运输只需用塑料周转箱，中途保持湿润即可；长途运输必须用带孔的隔热硬泡沫箱加冰、封口，使其在低温下运输。

④ 包装过程中要放整齐，堆压不宜过高，一般不超过 40 厘米，否则会造成底部的虾因挤压和缺氧而死亡。

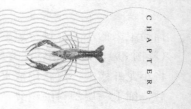

第六章

小龙虾的物种资源保护

随着小龙虾产业的发展，市场对小龙虾的需求不断加大，导致小龙虾的种质资源面临着自然水域捕捞过度、野生资源急剧下降和种质严重退化等问题，严重制约了小龙虾产业的发展壮大。因此，除了开展人工养殖和增殖外，对于小龙虾的物种资源保护和开展良种选育也是非常重要的。

一、科学选择药物，减少对小龙虾的药害

现在在治疗鱼病、虾病以及其他种类养殖对象的病害时，一定要科学选择药物，选用药物的趋势是向着"三效""三小""无三致"和"五方便"方向发展。

"三效"是指虾药要有高效、速效、长效的作用。

"三小"是指虾药使用时有剂量小、毒性小、副作用小的优点。

"无三致"是指虾药使用时对小龙虾无致畸、无致癌、无致突变的效果。

"五方便"是指虾药使用时要起到生产方便、运输方便、储藏方便、携带方便、使用方便的效果。

在市场购买商品虾药时，必须根据《兽药产品批准文号管理方法》中的有关规定检查虾药是否规范，还可以通过网络、政府部门咨询生产厂家的基本信息，购买品牌产品，防止假、冒、伪、劣虾药。

二、规范用药，减少药残对小龙虾的影响

药物残留是目前动物源食品最常见的污染源，在水产品中也不例外。导致水产品中药物超标的原因有很多，其中滥用药物和饲料添加剂是主要原因。规范用药是防止水产品药物残留超标，提高水产品质量及跨越"绿色技术壁垒"的根本措施。

1. 要严格执行国家法律法规

如《中华人民共和国动物防疫法》《饲料和饲料添加剂管理条例》《兽药管理条例》等法律法规，禁止使用假、劣兽药及农业部规定禁止使用的药品、其他化合物和生物制剂。原料药不得直接用

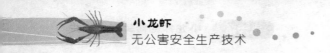
于小龙虾的养殖。

2. 科学、合理用药

① 水产养殖单位和个人应当按照水产养殖用药使用说明书的要求或在水生生物病害防治员的指导下科学用药。

② 水产养殖单位和个人应当填写"水产养殖用药记录"，这个记录应当保存至这批水产品销售后 2 年以上。

③ 在防治虾病时做到预防为主、对症用药。有计划、有目的、适时地预防虾病十分重要，可以最大限度地降低疾病的影响。临床上，根据病因和症状进行对症下药是减少用药、降低成本的有效方法。

3. 严格遵守休药期制度

休药期的规定是为了减少或避免供人食用的动物食品中残留药物超量，保证食品安全。药物进入动物体内，一般要经过吸收、代谢、排泄等过程，不会立即从体内消失，药物或其代谢产品以蓄积、储存或其他方式保留在组织器官中，具有较高的浓度，会对人产生影响。经过休药期，残留在动物体内的药物可被分解或完全消失或降低到对人体无害的浓度。

三、营造良好的小龙虾生长环境

小龙虾有掘洞穴居的习惯，喜阴怕光，光线微弱或黑暗时爬出洞穴，光线强烈时，则沉入水底或躲藏在洞穴中。根据小龙虾的习性，要尽量地模拟自然条件下小龙虾的生态环境，对于自然界中的一些生态环境尽量保留，不要轻易破坏。

四、控制捕捞规格

在自然界捕捞小龙虾时，一定不能一网打尽，只能取大虾，留下小虾，相关职能部门可根据具体情况制定一个上市的最小规格，比如低于 6 厘米的小龙虾不得在市场上销售，没有了市场需求，人们也就不会再捕捞这种小虾，这对于小龙虾的资源保护是有积极意义的。

五、限期捕捞小龙虾

渔政部门也应该把小龙虾的保护纳入渔业服务范围，也要像渔业禁捕期一样，实施小龙虾禁捕期。根据我们的调查和研究，可将小龙虾的禁捕期设在每年的 8 月中旬至 12 月，在此期间不得在自然水域捕捞小龙虾。

六、加大市场宣传力度

农业、水产部门要加强引导与教育，对于稻虾套养、蟹虾套养、鱼虾套养、茭虾套养和藕虾套养等养殖方式，要加大宣传、扶持力度。对于小龙虾的禁捕期和禁捕规格要加大宣传，让人们了解小龙虾的繁殖习性，自觉保护小龙虾的亲虾和幼虾，增强农民对小龙虾产品品质的保护意识。

七、加强小龙虾输入时的检疫，切断传染源

对小龙虾的疫病检测是针对某种疾病病原体的检查，目的是掌握病原的种类和区系，了解病原体对它感染、侵害的地区性、季节性以及危害程度，以便及时采取相应的控制措施，杜绝病原的传播和流行。

在虾苗、虾种、亲虾进行交流运输时，客观上使小龙虾携带病原体到处传播，在新的地区遇到新的寄主就会造成新的疾病流行，为了保护我国各地养殖业的安全和生态环境的稳定，一定要做好小龙虾的检验检疫措施，将部分疾病拒之门外，从根本上切断传播源，这是预防虾病的根本手段之一。

八、政府投入，加强小龙虾资源保护和遗传育种

一是政府推动小龙虾的养殖，通过各种优惠政策扶持小龙虾的项目，出台促进小龙虾产业化发展的产业政策，从项目、资金、保险、信贷等方面扶持小龙虾苗种选育和繁殖基地、小龙虾养殖大户、小龙虾加工企业的发展。

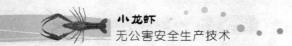

二是科技服务要跟上，技术支撑要到位。通过开办培训班、送技术到塘口等方式，结合渔业科技入户等项目的实施，加强相关的技术培训与指导，加快小龙虾的养殖及病害防治等技术的普及。

三是规范养殖，打造品牌。打造品牌、实行标准化生产是未来小龙虾产业化的根本出路，也是保护小龙虾资源的有效措施，这方面的工作，江苏盱眙的小龙虾产业做得最好，其他各地政府要向盱眙学习，主动出击，未雨绸缪，由政府或企业集团组织育种、养殖、流通、加工各个环节代表和专家，制定覆盖小龙虾育种、养殖、加工包装、流通到消费各个环节的标准，向市场提供标准化、安全卫生的美味食品，加强资源保护的宣传。

第七章

小龙虾的综合利用与全产业链打造

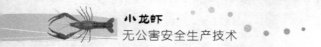

第一节
小龙虾的综合利用

一、小龙虾的价值分析

（一）小龙虾的营养价值

小龙虾味道鲜美，是一种低脂肪、低胆固醇、高蛋白质的营养食品。特别是占其体重5％左右的肝胰脏（俗称虾黄）则更是营养丰富。虾黄具有独特的蟹黄味，含有丰富的不饱和脂肪酸、蛋白质、游离氨基酸和微量元素等。

1. 蛋白质和必需氨基酸含量高

小龙虾蛋白质含量高于大多数的淡水和海水鱼虾，每100克小龙虾肉中含水分8.2％、蛋白质58.5％、脂肪6.0％、几丁质2.1％、灰分16.8％、矿物质6.6％。其氨基酸组成优于普通的肉类，特别是含有人体所必需的而体内又不能合成或合成量不足的8种必需氨基酸，包括异亮氨酸、色氨酸、赖氨酸、苯丙氨酸、缬氨酸和苏氨酸，而且还含有脊椎动物体内含量很少的精氨酸。此外，小龙虾还含有幼儿所必需的组氨酸。

2. 脂肪含量低，不饱和脂肪酸含量高

小龙虾的脂肪含量不但比畜禽肉低得多，比青虾、对虾还低许多，而且其脂肪大多是由人体所必需的不饱和脂肪酸组成，易被人体消化和吸收，并且具有防止胆固醇在体内蓄积的作用。

3. 矿物质含量丰富

小龙虾与其他水产品一样，含有人体所必需的矿物质成分，其中含量较多的有钙、钠、钾和磷，含量比较重要的有铁、硫和铜等。小龙虾中矿物质总量约为1.6％，其中钙、磷、钠及铁的含量都比一般畜禽肉高，也比对虾高。因此，经常食用小龙虾肉可保持神经和肌肉的兴奋性。

4. 脂溶性维生素含量丰富

小龙虾是脂溶性维生素的重要来源之一。小龙虾富含维生素A、维生素C和维生素D，而且大大超过陆生动物的含量。

5. 副产品利用价值高

小龙虾加工的副产品，如虾头、虾壳、虾足还含有许多有用成分，其中包括蛋白质、脂类和矿物质等。可供人和动物食用，也可作为食品添加剂和调味剂，尤其是虾头内残留的虾黄，具有独特的风味。虾头和虾壳也含有20%的甲壳质，经过加工处理能制成可溶性甲壳素和壳聚糖，广泛应用于食品、医药和化工等行业；虾头、虾壳晒干粉碎后还是很好的动物性饲料。

（二）小龙虾的食疗价值

1. 小龙虾肉的食疗价值

小龙虾肉的蛋白质中，含有较多的原肌球蛋白和副肌球蛋白。因此，食用小龙虾具有补肾、滋阴、壮阳和健胃的功能，对提高运动耐力很有意义。

2. 虾壳的食疗价值

小龙虾比其他虾类含有更多的铁、钙和胡萝卜素，这也是小龙虾虾壳比其他虾壳更红的原因。小龙虾虾壳和肉一样对人体健康有利，它对多种疾病有疗效。将蟹、小龙虾虾壳和栀子焙成粉末，可治疗神经痛、风湿、小儿麻痹、癫痫、胃病及妇科病等。美国还利用小龙虾虾壳制造止血药。

值得一提的是，从小龙虾的甲壳里提取的甲壳素被欧美学术界称之为继蛋白质、脂肪、糖类、维生素、矿物质五大生命要素之后的第六大生命要素，可作为治疗糖尿病、高脂血症的良方。另外，小龙虾入药，能止咳化痰，促进手术后的伤口愈合。

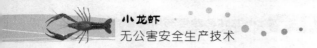
二、小龙虾的烹饪及加工利用

(一) 小龙虾烹调主要菜例

1. 盱眙十三香龙虾（彩图 40）

（1）原料的选择　挑选时，选择鲜活、体健、爬行有力的小龙虾。手抓活虾时，它双螯张开，一副与人决斗的架势，此为好虾。通常雌虾比雄虾好，青壳虾比红壳虾好，个大的比个小的好。

（2）洗刷　第一步，采购回来的小龙虾，先是倒在盆里吐污，让它自由爬行，通过运动呼吸，吐出泥土气息；第二步，剪掉触须和大钳后面的爪子；第三步，将剪好的小龙虾放入盆内，注入流动的活水，让虾不断地吸水，冲走虾体内排出的污水，一般要 30 分钟；第四步，洗刷，把小龙虾一个个用毛刷在水中洗刷，腹部容易藏有污物，要特别多刷几次；第五步，清洗，洗刷好的小龙虾放进清水，配上微量的厨房用的洗洁净，搓洗后捞出再用流水冲洗干净。

（3）辅料准备　少许切好的生姜片，剥净的大蒜瓣，切成碎块的青椒块、葱段，每 2 千克左右的小龙虾备 50 克左右的十三香龙虾调料，胡椒粉、花椒、川椒、啤酒等备用。

（4）烹饪　烹饪方法有两种：一种是炒；另一种是炸。炒的口感细腻，炸的口感细嫩。

① 炒制龙虾。取锅烧热，放入菜籽油（菜籽油比色拉油、猪油都好，菜籽油清凉、解毒），油热时放入花椒，炸出香味后捞出花椒，再放入葱段、生姜片，炸出香味，倒入小龙虾。用铲翻炒小龙虾，炒到发黄时，放入料酒，接着炒，放入红醋，待有香味发出即可。然后加入啤酒、盐、味精、糖、辣椒粉，大火烧开、放入十三香龙虾调料。要辣，多放一些红油；要麻，多放一些花椒。小火炖 10 分钟。待汤汁快要烧干入味时，放入青椒块、葱段、大蒜瓣，烧 5 分钟，浇上麻油（麻油具有香味，还滋润咽喉）出锅。装盆上桌。

② 炸制龙虾。菜籽油烧至七成热，将洗好的小龙虾余入油中，

炸至红色，捞出。另起锅，放入适量的菜籽油烧热，放入大蒜瓣、生姜片、葱段等适量爆炒。放入川椒、辣椒粉、胡椒粉，炒至见红油，口味清淡的可少放辣椒粉、胡椒粉。加入适量的高汤和十三香龙虾调料，烧开，放入白糖、味精、盐、醋。加入炸好的龙虾，烧15分钟左右，放入青椒块，倒入啤酒，浇适量麻油，略煮一下，即可出锅。

2. 盐水原汁小龙虾（彩图41）

主料：小龙虾 2500 克。

辅料：青椒 4 只（约 100 克），葱段 5～6 段，姜 6 片。

调料：盐 15 克，味精 5 克，色拉油 50 克，啤酒 50 克，麻油 10 克，高汤 1500 克。

做法如下。

（1）将小龙虾洗刷干净，用剪刀剪去须、足，沥干水分。

（2）锅置大火上烧热，冷油滑锅，并留底油，炒香葱段、姜片，倒入小龙虾，炒至变色，注入高汤，大火煮沸，改中火烧 10 分钟，调味，烹入啤酒，投入青椒块焖约 2 分钟起锅，淋上麻油，装盆即可。

特点：原汁原味，返璞归真，清心爽口，口感绵糯，有韧劲。

3. 香辣小龙虾（彩图42）

主料：小龙虾 1000 克。

配料：干红辣椒，花椒，大葱，蒜白，姜，香叶（最好有）。

作料：油豆瓣酱，酱油，料酒，糖，盐，高汤（没有可以清水代替），味精，胡椒粉（没有也可）。

做法如下。

（1）先把小龙虾去头壳、泥、筋，用盐腌 15 分钟，等于消毒外壳，清水洗净，沥干水。

（2）把锅烧热，加油，油要多放点，烧热，放香叶炸出香味，再加入花椒（放多少因人而异），把干红辣椒、花椒、大葱、蒜白、姜放入油中炒出香味后倒入小龙虾煸炒至变红色，加入料酒、少许酱油、豆瓣酱、糖，味道不够的话放点盐，加高汤或水适量，煮会

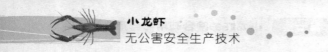

儿（杀菌），等水煮得差不多了，放入味精、胡椒粉，喜欢吃花生米的话可以把炸好的花生米放入翻炒后即可出锅。

4. 椒盐小龙虾（彩图43）

主料：小龙虾。

配料：黑胡椒粉、花椒、姜茸、蒜茸、干辣椒、葱头、豆豉、油等。

做法：起锅，放油，等油烧热，倒入配料，翻炒至香，再倒入小龙虾，炒匀，放两三茶匙水（量多可多放点水），盖锅盖5分钟左右，掀盖，加盐和少许生抽，洒几滴高度酒，稍翻炒，出锅，在上面放少许葱叶。

（二）小龙虾的加工利用（彩图44）

1. 冷冻虾的加工工艺流程

（1）整只虾的工艺流程。原料虾保鲜→原料虾冲洗→分类挑选→分等级规格→洗涤→控水→称重→摆盘→冻前检验→入库速冻→制作冰被（分两次灌水）→脱盘→镀冰衣→包装前测温→包装→检验→冷藏。

（2）去头虾的工艺流程。原料虾保鲜→原料虾冲洗→分类挑选→掐头→洗虾（加冰）→分选（加冰）→洗涤→控水→称重→摆盘→灌水（冰水）→翻盘控水→冻前半成品检验→入库速冻→制作冰被（分两次灌水）→脱盘（淋水法）→镀冰衣→包装前测温→包装→检验→冷藏。

（3）虾仁虾球的工艺流程。原料虾保鲜→原料虾冲洗→分类挑选→剥皮→去肠腺→洗涤→控水→称重→摆盘→灌水（冰水）→翻盘控水→冻前半成品检验→入库速冻→制作冰被（分两次灌水）→脱盘（淋水法）→镀冰衣→包装前测温→包装→检验→冷藏。

2. 原料虾的验收及保管

每批虾进厂后，应及时检查质量、卫生、冰融、装箱情况，符合要求的原料虾，应按顺序及时投料加工，做到当日虾当日加工，先好后次不积压。对不能及时投料加工的原料虾，应积极采取保鲜措施，如及时加入 0～4℃ 的保鲜库，或以虾冰 1：3 的配比，加直径不超过 3 厘米的碎冰。冰块要洁净，摊散均匀。虾体应防蝇蛆、光照、雨淋、风干及其他污染。

3．原料虾的冲洗

原料虾用符合卫生标准的清水冲洗，以除去原料虾中的碎泥、泥沙和水草等污染物。

4．分类挑选

洗涤后的虾，应按先挑选带头虾，后加工去头虾，然后加工虾仁、虾球的顺序进行生产。分选时，原料虾不应积压过多。气温高时，要加冰保鲜。选好的虾体置于洁净的容器内。

5．加工处理

根据虾的分类，分别进行加工处理。

（1）带头虾加工　将按规格挑选出的带头虾原料仔细洗净，要保证末遍水清洁，避免混浊，防止"红底虾"和"混底虾"的出现。要轻淘轻洗，不得损伤虾体。洗后的虾放入漏水的容器中，控水 5 分钟，以待称重。

（2）去头虾加工

① 掐头。洗涤干净的原料虾，去头时，分别用两只手的拇指和食指捏住虾的头胸部和腹部，向相反的方向扯离。用力要适宜，严防虾头带出鳃肉，更不要带掉腹部的第一节虾壳。

② 洗涤。以洗至鳃肉呈白色为佳，不得附有任何杂质。洗涤时采用圆形小罗马尼亚筐，以使左右旋转，得以充分洗涤，水洗槽采用"常流水三连桶"排列，水中要加机制冰，降温至 0～5℃。

③ 挑选分级。按去头虾规格标准进行挑选分级，不得混杂串级，工作台上不应过多积压，气温高时应加冰降温。

④ 分级后的虾，再清洗 1 次，放入洁净的筛盘内控水 5 分钟，以待称重。

（3）虾仁加工

① 凡不能达到出口去头虾标准的原料虾，均可做冻虾仁原料。加工虾仁首先剥掉外壳，除去肠腺或每 545 克称 71 只以上未去肠

腺的虾。去肠腺时，左手持虾仁使其背部向上，右手持尖刀，沿背部中线浅割一道小口，然后用刀尖将露出的肠腺挑除。

② 将去掉肠腺的虾仁在冰水中洗净，再按虾仁规格要求分级。

③ 分级后的虾仁再清洗 1 次，放入筛盘内控水 10 分钟后称重。

（4）**虾球加工** 凡新鲜度达到要求，而虾体残缺不全的均可做冻虾球原料。加工时首先去掉虾壳和肠腺，去掉泥沙和品质不良的肉，形状不限，但不得少于两节腹部，在冰水中清洗干净，放入筛盘内控水 10 分钟，即可称重。

6. 称重

待控水后，按不同品种和规格进行称重。称重要求如下。

① 要指定专人过秤，并负责重量及衡器的鉴重。速冻前的半成品要进行抽验。

② 称重必须准确，让水量可由各地根据生产加工情况自定。原则上，解冻后必须符合规定的净重。

③ 称重后的虾应立即盛于洁净的铁盘内，并附上等级规格标签 2 枚。

7. 摆盘

（1）**摆盘方式**

① 带头虾。直身顺摆，层层排列，头向外，尾交叉，下层背斜向下，上层背斜向上。要求表面平整美观，不过密或过稀。

② 去头虾。横摆，每 454 克称 30 只以内的分层摆，虾颈向外，尾交叉，下层背斜向下，上层背斜向上；31～40 只的只摆上、下两层，上、下两层各摆 3 排。下层摆法：先靠盘的一边同时摆两排，尾交叉，第三排的尾搭在中间一排的颈部。上层摆法：先靠盘的一边摆一排，颈部向外，然后同时摆第二排和第三排，尾交叉，第二排的颈部压在第一排的尾部上；41 只以上的不排列，只要摊平即可。

③ 虾仁。横摆，虾体平铺略弯，每 545 克称 30 只以内的分层摆；31～40 只的只摆上、下两层；41 只以上的不排列，只要装得平坦即可。

④ 虾球。不分只数，不排列，按要求装小盘或小盒，使其平整。

（2）摆盘要求

① 所用铁盘在使用前要冲洗干净，并置于 3% 的高锰酸钾溶液内浸泡 3～5 分钟，或在 5%～10% 的有效氯（漂白粉）溶液中浸泡消毒。取出后再用清水冲净控水即可使用。

② 摆盘前，将称过重的虾放入小盘内，加入冰水，边摆盘边洗涤，以进一步除去杂质，所以，此种摆盘法有人称为水摆。

③ 摆盘时，虾盘底、上两面各附只数标签 1 枚（虾球也附标签），标签的正面分别向外，以便成品之后识别等级规格。

④ 摆盘过程中，如果发现质量不合乎要求的虾要更换，所更换的虾必须与换出的虾重量相当。

⑤ 每摆出一盘虾，顺手拿一空盘放在上面，稍用力一压，使其平整和紧密。

⑥ 摆好盘的虾灌满清水（水温控制在 5℃ 以下）。灌水时，用一只手压在虾的上方，水先倒在手上，再流入盘内，以免直接加水将虾和标签冲起，然后，每 4 盘一组（虾仁、虾球每 3 盘一组），盘盘叠放，上面压一空盘，并立即翻盘控水 5 分钟（虾仁和虾球控水 10 分钟）。灌水的目的是为了进一步洗涤，避免将来的成品出现红底虾和混底虾。

⑦ 虾盘在上架入速冻间前，要逐盘用不锈钢插板沿铁盘长边的内壁两侧划缝，使其整形，并有利于在上冰被时水的渗透。划线后，上架时要平端轻放，以免缝隙弥合。

⑧ 冻前半成品检验。由检验人员按规定的 5% 检样比例抽查检验。检验项目有品质、重量、规格、卫生、排列方式和外观等。凡发现不符合上述各项要求的，应及时纠正，不合格的半成品要立即返工整理。检验结果应做好详细记录备查。

8. 冷冻

① 经过检验上架的半成品，应立即送入速冻间，在半成品进入前，速冻间的温度必降到 −15℃ 以下。入冻时要有专职检验人员，进行逐盘检查，不平整的要予以整理，以免影响造型。速冻的工作温度要求在 −25℃ 以下。

② 如果超过1小时尚未进入速冻间，必须进行复验，有特殊情况不能及时入冻的半成品，可置于−8℃以下的预冷间进行保鲜，但一般不得超过2小时。

③ 已进入速冻间的虾，要适时适量地加灌清洁的淡水制作冰被，采取两次灌水法为佳，冰被的厚度以刚盖过虾体为宜。第一次加水是在虾体温度达到−8～−6℃时进行，加水量以接近淹没上层虾体为度，这次加水主要是制作底冰被及边沿冰被。第一次加水的时间，掌握虾的体温是关键。温度过高时加水，易使虾体浮起，造成底冰被过厚，并且会延长冻结时间，影响虾的质量，降低鲜度；温度过低时加水，当水体触到虾体时来不及渗透就结冰，易造成底冰被和边沿冰被出现蜂窝眼。第二次加水是在出速冻间前的2～3小时进行，加水量要掌握在以全部淹没虾体为度，这次加水的目的主要是为了充分盖住虾体和顶冰被的平整。第二次加水的时间也很重要。加水时间过早，往往会造成顶冰被的凸起不平；加水时间过晚，会使冰的冻结不充分，影响质量和外观。总之，冰被的制作，要求平整光滑，造型美观，透明度良好。

④ 虾的冷冻时间越短越好，一般要求在12小时以下。当虾块的中心温度达到−18℃时，即可出速冻间脱盘。

9. 脱盘、镀冰衣

① 经过冻结后出速冻间的虾块，应及时脱盘。脱盘方法以淋水脱法为宜，不应采取过水脱法，操作时间不宜过长，水温不要过高（一般不超过20℃为好），以防冰被融化，磕盘时要轻磕轻放，避免损伤冰被和铁盘。

② 冻块冰被不良的，要重新上水冻结或修正，畸形块、含有外来杂质、卫生不良的应剔除，严重的红底虾、混底虾及碎块虾，应交加工车间重新加工。

③ 包装前的冻块，必须加镀冰衣，加镀冰衣要在低温库内操作，一般是随同脱盘工作同时进行。加镀冰衣的方法，以过水法为最佳，水温应是0～4℃，浸水时间为3～5秒。镀冰衣后的冻块，中心温度回升不得超过3℃。用水要清洁卫生，以提高冰衣的透

明度。

10. 包装

① 凡出口产品，应采用出口经营单位设计、加工的包装材料，按标准规定进行包装。内销产品可根据客户要求，采用适当的包装材料。

② 凡直接与虾体接触的包装纸、标签等，均不得含有荧光物质。

三、小龙虾加工后的头和壳等废弃物的综合利用

虾壳富含钙、磷、铁等重要营养元素，从甲壳中提取的甲壳素、几丁质及其衍生物，可加工成饲料添加剂，也可加工甲壳素、几丁质和甲壳糖胺等工业重要原料，广泛应用于农业、食品、医药、烟草、造纸、印染、日化等领域。因此，综合利用小龙虾的废弃物进行深加工，将产生巨大的经济效益。

1. 甲壳素的提取和利用

小龙虾的虾壳占整个虾体重的 $50\% \sim 60\%$，其主要成分是甲壳素，它是一种天然的生物高分子化合物，是仅次于纤维素的第二大可再生资源，且是迄今已发现的唯一的天然碱性多糖。但是甲壳素的化学性质不活泼，溶解性很差，若经深加工脱去分子中的乙酰基，则可转变为用途广泛的壳聚糖。

（1）壳聚糖生产工艺流程　小龙虾→剥壳→壳→预处理→酸浸→脱色→碱处理→甲壳质→壳聚糖→葡聚糖酸钠。

（2）甲壳素、壳聚糖及其衍生物的提取　甲壳素是自然界中含量仅次于纤维素的有机高分子化合物，是迄今发现的唯一的天然碱性多糖，大量存在于甲壳类动物体内。甲壳素的化学性质不活泼，溶解性差，脱去乙酰基后，可转变为壳聚糖。壳聚糖具有良好的物理、化学性质，可溶于稀酸、可降解、无污染。由于大量游离氨基的存在而具有阳离子聚电解质的性质，无毒，具有多种医学功能和药理作用。在纺织、印染、造纸、食品、医学、制药、水处理、环境保护、金属回收等方面，壳聚糖展示出广阔的应用前景。作为小

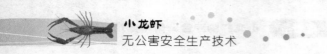

龙虾综合利用的主要产品，市场需求量很大。

传统提取甲壳素的方法为酸碱法。将干燥虾壳在常温下用盐酸处理后经水洗中和，所得固体物用碱液浸泡，加热煮沸除去角蛋白和脂肪，水洗至中性，脱色干燥即得甲壳素。如继续将甲壳素用碱液浸泡，加热保温脱去乙酰基，过滤洗涤至中性，干燥可得壳聚糖。传统工艺需使用浓酸浓碱，易造成环境污染，虽然有学者进行了改进，但只是减少了酸碱的用量，意义不太。同时废液中大量蛋白质、碳酸钙也白白流掉。目前有人提出了综合提取方法，即同时提取出甲壳素、蛋白质和碳酸钙，充分利用酸碱，使废液无毒无害。酶技术引入生产是新兴的提取技术，可用甲壳素脱乙酰酶（CDA）来生产壳聚糖。

D-氨基葡萄糖盐酸盐（GAH）是甲壳素水解的产物，能促进人体黏多糖的合成，提高关节润滑液的黏性，改善关节软骨代谢，促进软骨组织生长。根据这些功能，研究人员利用GAH制成治疗关节类疾病的复方氨基糖片，合成氯脲霉素等多种生化药剂；GAH也是重要的婴儿食品添加剂，还可用作化妆品和饲料添加剂。虾壳制备GAH的方法主要有两种：一是从虾壳直接制备GAH；二是先从虾壳中提取出甲壳素，再让其在盐酸中水解制备出GAH。目前研究多集中在对水解条件的优化上，以提高产出率和纯度。

（3）甲壳素、壳聚糖及其衍生物的利用

① 在生物学及制药方面，壳聚糖的生物兼容性良好，可用作烧伤敷料及伤口愈合剂，包扎纱布用壳聚糖处理后，伤口愈合速度可提高75%。用壳聚糖制成的可吸收性手术缝合线，机械强度高，可长期储存，能用常规方法消毒，可染色，可掺入药剂，能被组织降解吸收，免除患者拆线的痛苦。壳聚糖能够抑制胃酸和溃疡，具有降解胆固醇及三酰甘油的作用。此外，壳聚糖还可用于制作人工肾透析膜和隐形眼镜。由壳聚糖制备的微胶囊，是一种生物降解型高分子膜材料，是极具发展前途的医用缓释体系。

② 在食品工业中，用壳聚糖作为絮凝剂有两种用途：一是作

为加工助剂，促进固液分离；二是处理废水，回收蛋白质作为动物饲料，减少水源污染。此外，美国人对甲壳素降解而成的葡聚糖酸钠尤为青睐，它具有清理人体肠道和减肥等多种功能，已成为必备的保健品。

③ 在印染、纺织业方面，毛织物、棉织物用壳聚糖的稀酸溶液浸渍后，能改善这些织物的洗净性能和减少皱缩率，并能增强可染性，在印染花色之后，涂上一层薄的以壳聚糖作为原料的固色剂，可改善织物色调，提高花色附着牢度。另外，壳聚糖与布料结合纺制成的衣服，具有杀菌消毒、防紫外线照射的功能。

④ 在造纸工业中，纸张用壳聚糖处理后，可提高印刷质量并改善机械性能、耐水性能及电绝缘性能。

⑤ 在化妆品方面，由于壳聚糖在成膜、保湿等方面具有优良的性能，在日本、美国及西欧一些国家的化妆品行业中已受到重视。壳聚糖对于头发中的蛋白质具有极强的附着能力，能在头发表面形成固定的薄膜，因此已被用作固发剂和香波中的整理剂原料。

⑥ 在污水处理上，壳聚糖作为天然的阳离子絮凝剂，与其他电解质混用可帮助污泥脱水。壳聚糖也能通过分子中的氨基、羧基与 Hg^{2+}、Ni^{2+}、Cu^{2+}、Au^+、Ag^+ 等重金属离子形成稳定的螯合物，可除去和回收工业废水中的重金属离子。

2. 虾青素的提取和利用

小龙虾体内所含有的虾青素是一种应用广泛的类胡萝卜素，有较强的清除自由基的作用，能抗氧化、提高免疫力、预防癌症。最新的报道表明，虾青素能保护中枢神经系统和视觉系统。虾青素不仅可使观赏鱼类颜色更加鲜艳，同时能提高水生生物的繁殖率，还可作为新型化妆品原料。虾青素的来源主要有两种，即化学合成及天然物提取。化学合成困难，生产成本高，同时安全性还未被证实。目前各国对合成虾青素的管理越来越严格，如美国食品与药物管理局（FDA）已禁止使用化学合成虾青素，因此天然虾青素的市场潜力将越来越大。但从小龙虾废弃物中提取虾青素存在一定困难，主要是头壳中的石灰质和蛋白质影响了虾青素的提取效率。国

外纷纷研究改进的方法，挪威采用青贮法，德国采用酶解技术提取虾青素。目前国内外提取虾青素的主要方法有碱提法、油溶法、有机溶剂法、超临界 CO_2 萃取法、酶技术和微生物发酵法，其中有机溶剂法提取率较高。

3. 酶的提取和利用

如前所述，甲壳素脱乙酰酶（CDA）可代替传统方法生产壳聚糖，不但解决了生产中的环境污染问题且可生产出某些化学方法不能生产的壳聚糖产品，因此这种酶有重要的工业应用价值。CDA 还是研究壳聚糖结构性质的一个工具酶，国外对此开展了很多研究，但国内研究报道极少。程明哲最早研究了从虾头中提取 CDA 的方法，纯化倍数达 108 倍，方法简单易行，可用于大规模生产。李友宾研究了从虾体中提取 CDA 的技术，但应用于工业化生产仍需改进。透明质酸酶能用于生产四糖或六糖等偶数寡糖，寡糖生产在国内也是一个新兴的生产行业，发展速度很快。透明质酸酶还是一种重要的药物扩散剂，并有消除水肿和血块等作用。国内在直接应用虾头提取透明质酸酶方面也有文献报道，但商品化生产技术还不成熟。

4. 蛋白质及类脂的提取和利用

在虾头壳中，除甲壳素外，还含有其他丰富的营养物质，如虾黄与鸡蛋成分接近，虾头蛋白质中氨基酸种类齐全，各类营养性脂肪含量也较为丰富。有研究表明，用酸处理虾头、虾壳可获得优质钙、磷蛋白，其中所含必需氨基酸组成与 WHO/FAO 推荐的必需氨基酸模式极为接近。类脂的提取方法有两种，即油溶剂法和溶剂抽提法。江尧森等将虾头、虾脑的混合物用油溶剂抽提得到虾脑油，富含脂肪、虾黄质脂类等成分，可作为调味料。

5. 其他综合利用途径

小龙虾加工中废弃的头和壳也是调味品开发的优质资源，虾头内残留的虾黄，风味独特，可以加工成虾黄风味料。国内外学者对此进行了大量研究和探索，生产出虾味浓郁的调味品，如虾味酱、虾黄粉、虾味酱油等。此外，还可制作仿虾制品等。

第二节
小龙虾全产业链的打造

　　随着小龙虾产业异军突起，各地、各级政府纷纷瞄准这一发展机遇，采取"政府引导、多元投入、科学发展、全面推进"的工作思路，因势利导，规范运作，有力地推进了小龙虾产业健康、快速、可持续发展，促进了小龙虾产业链不断拉长、加粗、铆紧，逐步形成了一产、二产、三产有机衔接，产业内部相互融合，产业外延不断拓展，产业内容日益丰富的健康有序的产业发展模式。突出表现在：人工选育苗逐步体现专业化，成品养殖已经呈现规模化，产品加工不断步入精深化，产品销售已经形成品牌化，餐饮服务愈发显示特色化，文化旅游日趋走向品牌化，由此而带来的衍生产业如十三香原料、产品包装印刷、旅游附属产品、冷链物流运输等都蓬勃兴起。以虾为媒、以虾招商、以虾引资活动也都取得了良好的效果。

一、苗种选育

　　长期以来，由于受到消费需求的影响，"竭泽而渔"式的大量捕捞，导致小龙虾自然资源日渐枯竭，加之小龙虾独特繁殖的习性，使得苗种短缺一直成为小龙虾产业发展的"瓶颈"。由于小龙虾养殖一直靠自繁自养，种质严重退化，头小尾大、出肉率低已成为普遍现象。随着小龙虾产业的蓬勃发展，各级科研机构积极行动，立项开展人工规模化繁育小龙虾种苗的科学研究，研究探索了"控制光照、控制温度、控制水位、控制水质、加强投喂"的"五位一体"的人工诱导方法，促使小龙虾同步产卵，批量繁殖，逐步攻克了小龙虾种苗人工选育、繁育关，在小龙虾重点产区纷纷建立了小龙虾种苗选育繁育中心，基本解决了小龙虾产业发展中苗种难题，为小龙虾产业链的形成奠定了基础，对实施产业转型升级发挥

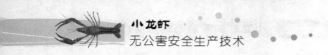

了巨大的推动作用。

二、成品养殖

强劲的市场需求激发了小龙虾养殖业的迅猛发展，短短十几年间，小龙虾的养殖规模从小到大，养殖产量从无到有，养殖模式不断优化，养殖技术不断创新，养殖效益不断提高，小龙虾养殖已经发展成为水产养殖业中最具活力、最有潜力、最有效益的生产方式之一。2009年，全国小龙虾养殖面积就超过500万亩，养殖产量已达50万吨，其中江苏小龙虾养殖面积就超过40万亩，养殖产量近6万吨，养殖模式已经从当初的单一养殖方式逐步发展为虾蟹混养、虾稻连作、虾莲共生、小龙虾专养等数十种养殖模式，本着因地制宜、因陋就简、相得益彰的原则，每个模式都能契合当地传统的养殖方式，可以说各具优势，各有特色，充分体现了小龙虾规模化养殖的广阔前景。

三、精深加工

最初小龙虾产业的发展，仅仅局限于种苗繁育、养殖生产、餐饮消费等产业链的低端，导致产业发展存在很大的局限性，"现烧"局限了原料的供应季节，"即食"减少了不同的消费人群，"整肢"也使很多人叹为观止、望而却步，"加工"于是顺势而为便成为必然。一是围绕如何让更多人"吃"，延伸出冷藏包装、熟食加工、即食加工、肢解加工、真空包装以及虾酱、虾黄、虾仁等专业加工，小龙虾肉味鲜美、营养丰富，蛋白质含量达16%～20%，干虾米蛋白质含量高达50%以上，高于一般鱼类，超过鸡蛋的蛋白质含量。虾肉中锌、碘、硒等微量元素的含量也高于其他食品，且肌肉纤维细嫩，易于被人体消化吸收，加工增值潜力很大。二是围绕废弃物综合利用，延伸出的衍生产品加工。据测算，每只小龙虾有70%的部分（主要是虾头和虾壳）作为废弃物被丢弃，不仅造成资源的极大浪费，也污染了周边环境。随着小龙虾产业的健康发展，围绕"小龙虾"的综合利用，成为产业发展的纵深课题，如果利用新技术，从虾头、虾壳中提炼甲壳素与壳聚糖，就能衍生出精细与专用化学品、医药用品、生物功能材料、优良保健食品等几十项产品，这些衍生品的附加值将比原来提高 $10\sim100$ 倍。在武汉大学甲壳素研究开发中心进行了长达 10 多年的研究攻关，目前已掌握了数十项拥有自主知识产权、令小龙虾废弃物变废为宝的核心技术，许多加工产品广泛应用于医药、环保、食品、保健、农业、饲料及科学研究领域。小龙虾加工规模不断扩大，加工能力不断提升，出口创汇连创新高。加工出口的发展，不仅带动淡水小龙虾的养殖生产，而且成为农副产品出口创汇的亮点。

四、市场营销

市场营销是产业蓬勃发展的重要推手，随着小龙虾产业的迅猛发展，各地纷纷建立起新型产业营销网络体系，一批中介组织如雨后春笋般发展壮大起来，他们在企业和农户间建立了纽带，形成了新型的"风险共担、利益均占"的产业化运行机制，加强了龙头企业与农户的利益联结，推动了各地订单农业的发展，带动了企业增效和农民增收。小龙虾交易中心、现代物流配送中心、实用冷冻仓储中心等覆盖面越来越广，连锁经营、配送销售、电子商务交易平台等现代营销手段日趋成熟，越来越多的人参与到产业中来，为产业的发展聚集了正能量。在盱眙这个虾味飘香的城市，小龙虾的营销不仅仅是产业的营销，它已成为城市靓丽的名片，产业的营销也将带动城市的营销，不断提升盱眙这座原本名不见经传的山水城市。如今的盱眙再也不是许多人认知为"于台"的县城小镇，而因十三香龙虾一跃成为人所共知的龙虾之都了，其知名度和影响力都得到了极大的提升。

五、品牌运作

与其他产业发展一样，小龙虾的发展也经历了产品—商品—品牌的过程，与刚开始起步时千家万户卖小龙虾的现象不同，现在各

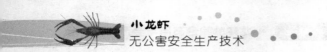

种小龙虾品牌占领整个小龙虾市场，强化品牌意识，实施精品名牌战略已经成为小龙虾产业发展的重要共识，通过小龙虾产地建设、品牌创建，拓展了龙虾营销空间，提升了商品小龙虾附加值，加上市场和政府的综合作用，促进资金、劳动力、技术、企业等各种生产要素向品牌龙虾产品聚集，有些品牌颇具地方特色，深得当地消费者青睐，有些品牌已经走向全国，享誉海内外。有些品牌取得"中国绿色食品"标志认证，有些品牌则获评中国名牌农产品，如今的小龙虾规模化生产已经摆脱小农经济的模式，实行标准化生产，盱眙龙虾一步步从选料、加工、包装、保存、运输、品牌使用等全过程实现了规范化、标准化。有些企业生产的小龙虾系列产品甚至建立了完整的 HACCP 质量监控体系，并通过了美国 FDA、欧盟 EEC 卫生注册和 ISO 9001：2000 质量管理体系认证。

六、休闲垂钓

小龙虾体色通红，与中华民族传统文化"红红火火"等欢乐喜庆的美好愿望非常契合，深受人们喜爱。如今，随着休闲渔业的蓬勃发展，小龙虾因其来源广泛、容易上钩、钓法多样等特点已经发展成为垂钓对象中的重要一员，尤其适合久居城市的人们。此外，小龙虾本身作为钓饵也逐步显现出广阔的发展前景，在美国小龙虾不仅是重要的食用虾类，而且是垂钓的重要饵料，年消费量 6 万～8 万吨，其自给能力也不足 1/3。

七、餐饮行业

近年来，随着小龙虾为人们所认知，小龙虾"红色风暴"迅猛风靡世界，已经成为餐饮业重要的可口菜肴之一。以小龙虾为特色菜肴的餐馆遍布全国大街小巷，年消费量多达数万吨以上，各具特色的小龙虾，如油炸、清蒸、红烧、烧烤等各种口味一应俱全，整只、半只、虾仁、大钳（螯）等各种形式各取所需，国内市场也涌现出了如潜江的五七油焖大虾、襄樊的宜城大虾、江苏的盱眙大虾、北京的油炸大虾、武汉的麻辣虾球等。每到春夏之交，各种小龙虾店异常火爆，众多食客蜂拥而至，吃小龙虾已经成为人们的消费时尚。资料显示，在武汉、南京、上海、常州、无锡、苏州、淮安、合肥等大中城市，一年消费量都在万吨以上，仅南京人日啖小龙虾就达 70～80 吨。盱眙龙虾股份公司全力打造的"盱眙龙虾连锁美食餐厅"已经遍布全国，店面已经超过 1000 家，成为中国"肯德基""麦当劳"。实践证明，旺盛的消费需求，刺激众多小龙虾餐馆开店扩张，为小龙虾产业发展提供了广阔的发展空间，小龙虾已成为城乡大部分家庭的家常菜肴。显示出小龙虾产业的广阔发展空间。

八、旅游文化

任何一个产业没有了文化内涵，终究不会具有旺盛的生命力，小龙虾产业的发展也是一样，经过近年来的发展，小龙虾引发的文化效应日趋显现。众所周知的"盱眙龙虾"，几乎一夜之间成为"长三角"民众接受并推崇的美食美味。文化的渗透获得了广泛的认同。正因为连续多届中国龙虾节的成功举办，才使得一个苏北小县城逐步进入人们的视野，为整个世界所熟知，在人们细心品味"盱眙龙虾"的同时，也在不断品味"盱眙"的深刻内涵，盱眙人硬是靠巧妙的节庆策划，激发了人们的兴奋点和关注度。靠节庆旅游活动策划，吸引各地游客来盱眙领略真山真水和"帝王故里"盱眙文化的风韵；在举办龙虾节的同时，把盱眙的饮食文化、传统文化介绍到世界，使盱眙的"明韵汉风"得到发扬光大。盱眙人将龙虾节庆文化与高端思维结合，使盱眙龙虾节庆文化得以不断提升和在更高层次上彰显。盱眙人在龙虾节中策划的中国龙虾节"走进北京人民大会堂""走进北大""走进上海军营"、成立江苏省盱眙龙虾协会宁波分会、"奥运冠军龙虾情"、"名人名嘴论龙虾"等一系列活动，与央视合作录制"同乐五洲"盱眙国际龙虾节专题节目，拍摄"龙虾情缘"数字电影等经典创意，强力借助高层高端的影响力，借助中国政治经济文化中心人脉和人气，让中国

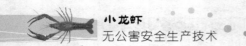

龙虾节和盱眙知名度得到最大限度的提升与扩展。以节庆品牌国
际化建设山水城市、打造休闲之都。以"龙虾之都""山水名城"
为基本定位，大力推进中等城市建设，以盱眙奥体中心、都梁阁
为先导的一批标志性建筑拔地而起，以龙虾博物馆、淮河文化会
馆为代表的一批文化亮点设施相继落成，以中澳满江红龙虾产业
园、龙虾科技美食城为引领的一批特色产业园区加快建设。盱眙
年游客已达 300 万人次以上，已荣获"中国旅游强县"称号，提
前实现了建成"苏北旅游第一县"的目标，"品盱眙龙虾，赏盱
眙山水"已成为旅游一族的新时尚。第三产业特别是休闲旅游
业、餐饮服务业蓬勃发展，从事龙虾及相关产业人员超过 10 万，
占全县人口的七分之一。龙虾品牌给盱眙带来了巨大的经济效益
和社会效益。

　　游梅苑、看大戏、品龙虾；登"天下第一台"，观"平原第一
坝"，伴随着中国湖北潜江龙虾节的举办，同样"引爆"了潜江乡
村休闲游。地处武汉城市圈和鄂西生态文化旅游圈交汇处的潜江，
是楚文化的重要发祥地之一，文化底蕴深厚、历史遗迹荟萃、自然
风光旖旎、生态环境优良、水陆铁交通发达，是全国文化先进市、
全国文物工作先进市，中华诗词之市、中国民间文化艺术之乡。素
有"曹禺故里""水乡园林""龙虾之乡""石油新城"的美誉。龙
虾节前后，潜江各景区游人如织，各星级宾馆、品牌餐饮店个个
爆满。

　　前面赘述的八个方面只涵盖了小龙虾产业发展的直接内容，在
小龙虾产业自身得到迅猛发展的同时，由此带动相关产业也红红火
火。2011 年盱眙县以小龙虾为主导的水产品深加工龙头企业有 5
个，年加工水产品能力达 8000 多吨。拥有水产饲料企业 2 个，年
生产饲料能力 10 万吨；十三香调料加工企业 32 户，年加工调料能
力 1 万吨。其中三森食品有限公司生产的真空包装盱眙"十三香龙
虾"已进入易初莲花超市热卖，泗州城工贸食品有限公司加工的盱
眙"十三香龙虾"进入苏果超市。全县龙虾产业链年产值已超过
50 亿元，农民人均纯收入中约 1/4 来自小龙虾，小龙虾产业已成

为名副其实的富民第一产业。

　　小龙虾创造了大产业，实现了由"小规模自然生产"到"大规模标准化产业"的发展，形成了一条涵盖养殖业、加工业、高科技、文化产业等内涵的系列产业链条。小龙虾的成功之路，树立了中国现代农业发展的成功典范。

附录

附录1　无公害食品　淡水养殖用水水质

本标准的全部技术内容为强制性。

本标准在 GB 11607—1989《渔业水质标准》的基础上进一步规定了淡水养殖用水中可引起残留的重金属、农药和有机物指标。本标准作为检测、评价养殖水体是否符合无公害水产品养殖环境条件要求的依据。

本标准由中华人民共和国农业部提出。

本标准起草单位：湖北省水产科学研究所。

本标准主要起草人：张汉华、朱江、葛虹、李威、张扬。

1　范围

本标准规定了淡水养殖用水水质要求、测定方法、检验规则和结果判定。

本标准适用于淡水养殖用水。

2　规范性引用文件

下列文件中的条款通过本标准的引用而成为本标准的条款。凡是注日期的引用文件，其随后所有的修改单（不包括勘误的内容）或修订版均不适用于本标准，然而，鼓励根据本标准达成协议的各方研究是否可使用这些文件的最新版本。凡是不注日期的引用文件，其最新版本适用于本标准。

GB/T 5750　生活饮用水标准检验法

GB/T 7466　水质　总铬的测定

GB/T 7468　水质　总汞的测定　冷原子吸收分光光度法

GB/T 7469　水质　总汞的测定　高锰酸钾-过硫酸钾消解法　双硫腙分光光度法

GB/T 7470　水质　铅的测定　双硫腙分光光度法

GB/T 7471　水质　镉的测定　双硫腙分光光度法

GB/T 7472　水质　锌的测定　双硫腙分光光度法

GB/T 7473　水质　铜的测定　2,9-二甲基-1,10-菲啰啉分光光度法

GB/T 7474　水质　铜的测定　二乙基二硫代氨基甲酸钠分光光度法

GB/T 7475　水质　铜、锌、铅、镉的测定　原子吸收分光光度法

GB/T 7482　水质　氟化物的测定　茜素磺酸锆目视比色法

GB/T 7483　水质　氟化物的测定　氟试剂分光光度法

GB/T 7484　水质　氟化物的测定　离子选择电极法

GB/T 7485　水质　总砷的测定　二乙基二硫代氨基甲酸银分光光度法

GB/T 7490　水质　挥发酚的测定　蒸馏后 4-氨基安替比林分光光度法

GB/T 7491　水质　挥发酚的测定　蒸馏后溴化容量法

GB/T 7492　水质　六六六、滴滴涕的测定　气相色谱法

GB/T 8538　饮用天然矿泉水检验方法

GB 11607　渔业水质标准

GB/T 12997　水质　采样方案设计技术规定

GB/T 12998　水质　采样技术指导

GB/T 12999　水质采样　样品的保存和管理技术规定

GB/T 13192　水质　有机磷农药的测定　气相色谱法

GB/T 16488　水质　石油类和动植物油的测定　红外光度法
水和废水监测分析方法

3　要求

3.1　淡水养殖水源应符合 GB 11607 的规定。

3.2　淡水养殖用水水质应符合表 1 要求。（表 1 略，详见中华人民共和国农业部发布的《无公害食品》一书）

4　测定方法

淡水养殖用水水质测定方法见表 2。（表 2 略，详见中华人民

共和国农业部发布的《无公害食品》一书)

5 检验规则

检测样品的采集、贮存、运输和处理按 GB/T 12997、GB/T 12998 和 GB/T 12999 的规定执行。

6 结果判定

本标准采用单项判定法，所列指标单项超标，判定为不合格。

附录2 NY 5072—2002 无公害食品
渔用配合饲料安全限量

1 范围

本标准规定了渔用配合饲料安全限量的要求、试验方法、检验规则。

本标准适用于渔用配合饲料的成品，其他形式的渔用饲料可参照执行。

2 规范性引用文件

下列文件中的条款通过本标准的引用而成为本标准的条款。凡是注日期的引用文件，其随后所有的修改单（不包括勘误的内容）或修订版均不适用于本标准，然而，鼓励根据本标准达成协议的各方研究是否可使用这些文件的最新版本。凡是不注日期的引用文件，其最新版本适用于本标准。

GB/T 5009.45—1996 水产品卫生标准的分析方法

GB/T 8381—1987 饲料中黄曲霉素 B_1 的测定

GB/T 9675—1988 海产食品中多氯联苯的测定方法

GB/T 13080—1991 饲料中铅的测定方法

GB/T 13081—1991 饲料中汞的测定方法

GB/T 13082—1991　饲料中镉的测定方法

GB/T 13083—1991　饲料中氟的测定方法

GB/T 13084—1991　饲料中氰化物的测定方法

GB/T 13086—1991　饲料中游离棉酚的测定方法

GB/T 13087—1991　饲料中异硫氰酸酯的测定方法

GB/T 13088—1991　饲料中铬的测定方法

GB/T 13089—1991　饲料中噁唑烷硫酮的测定方法

GB/T 13090—1999　饲料中六六六、滴滴涕的测定方法

GB/T 13091—1991　饲料中沙门菌的检验方法

GB/T 13092—1991　饲料中霉菌的检验方法

GB/T 14699.1—1993　饲料采样方法

GB/T 17480—1998　饲料中黄曲霉毒素 B_1 的测定　酶联免疫吸附法

NY 5071　无公害食品　渔用药物使用准则

SC 3501—1996　鱼粉

SC/T 3502　鱼油

《饲料药物添加剂使用规范》〔中华人民共和国农业部公告（2001）第〔168〕号〕

《禁止在饲料和动物饮用水中使用的药物品种目录》〔中华人民共和国农业部公告（2002）第〔176〕号〕

《食品动物禁用的兽药及其他化合物清单》〔中华人民共和国农业部公告（2002）第〔193〕号〕

3　要求

3.1　原料要求

3.1.1　加工渔用饲料所用原料应符合各类原料标准的规定，不得使用受潮、发霉、生虫、腐败变质及受到石油、农药、有害金属等污染的原料。

3.1.2　皮革粉应经过脱铬、脱毒处理。

3.1.3　大豆原料应经过破坏蛋白酶抑制因子的处理。

3.1.4　鱼粉的质量应符合 SC 3501 的规定。

3.1.5 鱼油的质量应符合 SC/T 3502 中二级精制鱼油的要求。

3.1.6 使用的药物添加剂种类及用量应符合 NY 5071、《饲料药物添加剂使用规范》、《禁止在饲料和动物饮用水中使用的药物品种目录》、《食品动物禁用的兽药及其他化合物清单》的规定；若有新的公告发布，按新规定执行。

3.2 安全指标

渔用配合饲料的安全指标限量应符合附表 2-1 规定。

附表 2-1 渔用配合饲料的安全指标限量

项目	限量	适用范围
铅(以 Pb 计)/(毫克/千克)	≤5.0	各类渔用配合饲料
汞(以 Hg 计)/(毫克/千克)	≤0.5	各类渔用配合饲料
无机砷(以 As 计)/(毫克/千克)	≤3	各类渔用配合饲料
镉(以 Cd 计)/(毫克/千克)	≤3	海水鱼类、虾类配合饲料
	≤0.5	其他渔用配合饲料
铬(以 Cr 计)/(毫克/千克)	≤10	各类渔用配合饲料
氟(以 F 计)/(毫克/千克)	≤350	各类渔用配合饲料
游离棉酚/(毫克/千克)	≤300	温水杂食性鱼类、虾类配合饲料
	≤150	冷水性鱼类、海水鱼类配合饲料
氰化物/(毫克/千克)	≤50	各类渔用配合饲料
多氯联苯/(毫克/千克)	≤0.3	各类渔用配合饲料
异硫氰酸酯/(毫克/千克)	≤500	各类渔用配合饲料
噁唑烷硫酮/(毫克/千克)	≤500	各类渔用配合饲料
油脂酸价(KOH)/(毫克/克)	≤2	渔用育苗配合饲料
	≤6	渔用育成配合饲料
	≤3	鳗鲡育成配合饲料
黄曲霉毒素 B_1/(毫克/千克)	≤0.01	各类渔用配合饲料
六六六/(毫克/千克)	≤0.3	各类渔用配合饲料
滴滴涕/(毫克/千克)	≤0.2	各类渔用配合饲料
沙门菌/(菌落形成单位/25 克)	不得检出	各类渔用配合饲料
霉菌/(菌落形成单位/克)	≤3×10⁴	各类渔用配合饲料

4 检验方法

4.1 铅的测定

按 GB/T 13080—1991 规定进行。

4.2 汞的测定

按 GB/T 13081—1991 规定进行。

4.3 无机砷的测定

按 GB/T 5009.45—1996 规定进行。

4.4 镉的测定

按 GB/T 13082—1991 规定进行。

4.5 铬的测定

按 GB/T 13088—1991 规定进行。

4.6 氟的测定

按 GB/T 13083—1991 规定进行。

4.7 游离棉酚的测定

按 GB/T 13086—1991 规定进行。

4.8 氰化物的测定

按 GB/T 13084—1991 规定进行。

4.9 多氯联苯的测定

按 GB/T 9675—1988 规定进行。

4.10 异硫氰酸酯的测定

按 GB/T 13087—1991 规定进行。

4.11 噁唑烷硫酮的测定

按 GB/T 13089—1991 规定进行。

4.12 油脂酸价的测定

按 SC 3501—1996 规定进行。

4.13 黄曲霉毒素 B_1 的测定

按 GB/T 8381—1987、GB/T 17480—1998 规定进行，其中 GB/T 8381—1987 为仲裁方法。

4.14 六六六、滴滴涕的测定

按 GB/T 13090—1991 规定进行。

4.15 沙门菌的检验

按 GB/T 13091—1991 规定进行。

4.16 霉菌的检验

按 GB/T 13092—1991 规定进行，注意计数时不应计入酵母菌。

5 检验规则

5.1 组批

以生产企业中每天（班）生产的成品为一检验批，按批号抽样。在销售者或用户处按产品出厂包装的标示批号抽样。

5.2 抽样

渔用配合饲料产品的抽样按 GB/T 14699.1—1993 规定执行。

批量在 1 吨以下时，按其袋数的四分之一抽取。批量在 1 吨以上时，抽样袋数不少于 10 袋。沿堆积立面以"X"形或"W"型对各袋抽取。产品未堆垛时应在各部位随机抽取，样品抽取时一般应用钢管或铜制管制成的槽形取样器。由各袋取出的样品应充分混匀后按四分法分别留样。每批饲料的检验用样品不少于 500 克。另有同样数量的样品作留样备查。

作为抽样应有记录，内容包括：样品名称、型号、抽样时间、地点、产品批号、抽样数量、抽样人签字等。

5.3 判定

5.3.1 渔用配合饲料中所检的各项安全指标均应符合标准要求。

5.3.2 所检安全指标中有一项不符合标准规定时，允许加倍抽样将此项指标复验一次，按复验结果判定本批产品是否合格。经复检后所检指标仍不合格的产品则判为不合格品。

附录 3 无公害食品 渔用药物使用准则

1 范围

本标准规定了渔用药物使用的基本原则、渔用药物的使用方法

以及禁用渔药。

本标准适用于水产增养殖中的健康管理及病害控制过程中的渔药使用。

2 规范性引用文件

下列文件中的条款通过本标准的引用而成为本标准的条款。凡是注日期的引用文件，其随后所有的修改单（不包括勘误的内容）或修订版均不适用于本标准，然而，鼓励根据本标准达成协议的各方研究是否可使用这些文件的最新版本。凡是不注日期的引用文件，其最新版本适用于本标准。

NY 5070　无公害食品　水产品中渔药残留限量

NY 5072　无公害食品　渔用配合饲料安全限量

3 术语和定义

下列术语和定义适用于本标准。

3.1

渔用药物（fishery drugs）

用以预防、控制和治疗水产动植物的病、虫、害，促进养殖品种健康生长，增强机体抗病能力以及改善养殖水体质量的一切物质，简称"渔药"。

3.2

生物源渔药（biogenic fishery medicines）

直接利用生物活体或生物代谢过程中产生的具有生物活性的物质或从生物体提取的物质作为防治水产动物病害的渔药。

3.3

渔用生物制品（fishery biopreparate）

应用天然或人工改造的微生物、寄生虫、生物毒素或生物组织及其代谢产物为原材料，采用生物学、分子生物学或生物化学等相关技术制成的、用于预防、诊断和治疗水产动物传染病和其他有关疾病的生物制剂。它的效价或安全性应采用生物学方法检定并有严格的可靠性。

3.4

休药期（withdrawal time）

最后停止给药日至水产品作为食品上市出售的最短时间。

4 渔用药物使用基本原则

4.1 渔用药物的使用应以不危害人类健康和不破坏水域生态环境为基本原则。

4.2 水生动植物增养殖过程中对病虫害的防治，坚持"以防为主，防治结合"。

4.3 渔药的使用应严格遵循国家和有关部门的有关规定，严禁生产、销售和使用未经取得生产许可证、批准文号与没有生产执行标准的渔药。

4.4 积极鼓励研制、生产和使用"三效"（高效、速效、长效）、"三小"（毒性小、副作用小、用量小）的渔药，提倡使用水产专用渔药、生物源渔药和渔用生物制品。

4.5 病害发生时应对症用药，防止滥用渔药与盲目增大用药量或增加用药次数、延长用药时间。

4.6 食用鱼上市前，应有相应的休药期。休药期的长短，应确保上市水产品的药物残留限量符合 NY 5070 要求。

4.7 水产饲料中药物的添加应符合 NY 5072 要求，不得选用国家规定禁止使用的药物或添加剂，也不得在饲料中长期添加抗菌药物。

5 渔用药物使用方法

各类渔用药物的使用方法见附表 3-1。

附表3-1　渔用药物使用方法

渔药名称	用途	用法与用量	休药期/天	注意事项
氧化钙(生石灰)	用于改善池塘环境,清除敌害生物及预防部分细菌性鱼病	带水清塘:200～250毫克/升(虾类:350～400毫克/升) 全池泼洒:20～25毫克/升(虾类:15～30毫克/升)		不能与漂白粉、有机氯、重金属盐、有机络合物混用
漂白粉	用于清塘、改善池塘环境及防治细菌性皮肤病、烂鳃病、出血病	带水清塘:200毫克/升 全池泼洒:1.0～1.5毫克/升	≥5	1. 勿用金属容器盛装 2. 勿用酸、铵盐、生石灰混用
二氯异氰尿酸钠	用于清塘及防治细菌性皮肤溃疡病、烂鳃病、出血病	全池泼洒:0.3～0.6毫克/升	≥10	勿用金属容器盛装
三氯异氰尿酸	用于清塘及防治细菌性皮肤溃疡病、烂鳃病、出血病	全池泼洒:0.2～0.5毫克/升	≥10	1. 勿用金属容器盛装 2. 针对不同的鱼类和水体的pH,使用量应适当增减
二氧化氯	用于防治细菌性皮肤病、烂鳃病、出血病	浸浴:20～40毫克/升,5～10分钟 全池泼洒:0.1～0.2毫克/升,严重时0.3～0.6毫克/升	≥10	1. 勿用金属容器盛装 2. 勿与其他消毒剂混用
二溴海因	用于防治细菌性和病毒性疾病	全池泼洒:0.2～0.3毫克/升		
氯化钠(食盐)	用于防治细菌、真菌或寄生虫疾病	浸浴1%～3%,5～20分钟		

续表

渔药名称	用途	用法与用量	休药期/天	注意事项
硫酸铜(蓝矾、胆矾、石胆)	用于治疗纤毛虫、鞭毛虫等寄生性原虫病	浸浴:8毫克/升(海水鱼类:8~10毫克/升),15~30分钟 全池泼洒:0.5~0.7毫克/升(海水鱼类:0.7~1.0毫克/升)		1. 常与硫酸亚铁合用 2. 广东鲂慎用 3. 勿用金属容器盛装 4. 使用后注意池塘增氧 5. 不宜用于治疗小瓜虫病
硫酸亚铁(硫酸低铁、绿矾、青矾)	用于治疗纤毛虫、鞭毛虫等寄生性原虫病	全池泼洒:0.2毫克/升(与硫酸铜合用)		1. 治疗寄生性原虫病时需与硫酸铜合用 2. 乌鳢慎用
高锰酸钾(锰酸钾、灰锰氧、锰强灰)	用于杀灭锚头鳋	浸浴:10~20毫克/升,15~30分钟 全池泼洒:4~7毫克/升		1. 水中有机物含量高时药效降低 2. 不宜在强烈阳光下使用
四烷基季铵盐络合碘(季铵盐含量为50%)	对病毒、细菌、纤毛虫、藻类有杀灭作用	全池泼洒:0.3毫克/升(虾类相同)		1. 勿与碱性物质同时使用 2. 勿与阴性离子表面活性剂混用 3. 使用后注意池塘增氧 4. 勿用金属容器盛装
大蒜	用于防治细菌性肠炎	拌饵投喂:10~30克/千克体重,连用4~6天(海水鱼类相同)		
大蒜素粉(含大蒜素10%)	用于防治细菌性肠炎	0.2克/千克体重,连用4~6天(海水鱼类相同)		

续表

渔药名称	用途	用法与用量	休药期/天	注意事项
大黄	用于防治细菌性肠炎	全池泼洒:2.5～4.0毫克/升(海水鱼类相同) 拌饵投喂:5～10克/千克体重,连用4～6天(海水鱼类相同)		投喂时常与黄芩、黄柏合用(三者比例为5:2:3)
黄芩	用于防治细菌性肠炎、烂鳃、赤皮、出血病	拌饵投喂:2～4克/千克体重,连用4～6天(海水鱼类相同)		投喂时需与大黄、黄柏合用(三者比例为2:5:3)
黄柏	用于防治细菌性肠炎、出血	拌饵投喂:3～6克/千克体重,连用4～6天(海水鱼类相同)		投喂时需与大黄、黄芩合用(三者比例为3:5:2)
五倍子	用于防治细菌性烂鳃病、赤皮病、白皮病、疖疮病	全池泼洒:2～4毫克/升(海水鱼类相同)		
穿心莲	用于防治细菌性肠炎、烂鳃、赤皮	全池泼洒:15～20毫克/升 拌饵投喂:10～20克/千克体重,连用4～6天		
苦参	用于防治细菌性肠炎,竖鳞	全池泼洒:1.0～1.5毫克/升 拌饵投喂:1～2克/千克体重,连用4～6天		
土霉素	用于治疗肠炎病、弧菌病	拌饵投喂:50～80毫克/千克体重,连用4～6天(海水鱼类相同),虾类:50～80毫克/千克体重,连用5～10天	≥30 (鳗鲡) ≥21 (鲶鱼)	勿与铝离子、镁离子及卤素、碳酸氢钠、凝胶合用
噁喹酸	用于治疗细菌性肠炎病、赤鳍病,香鱼、对虾弧菌病,鲈鱼结节病,鲕鱼疖疮病	拌饵投喂:10～30毫克/千克体重,连用5～7天(海水鱼类:1～20毫克/千克体重;对虾:6～60毫克/千克体重,连用5天)	≥25 (鳗鲡) ≥21 (鲤鱼、香鱼) ≥16 (其他鱼类)	用药量视不同的疾病有所增减

续表

渔药名称	用途	用法与用量	休药期/天	注意事项
磺胺嘧啶(磺胺哒嗪)	用于治疗鲤科鱼类的赤皮病、肠炎病,海水鱼链球菌病	拌饵投喂:100毫克/千克体重,连用5天(海水鱼类相同)		1. 与甲氧苄氨嘧啶(TMP)同用,可产生增效作用 2. 第一天药量加倍
磺胺甲噁唑(新诺明、新明磺)	用于治疗鲤科鱼类的肠炎病	拌饵投喂:100毫克/千克体重,连用5～7天	≥30	1. 不能与酸性药物同用 2. 与甲氧苄氨嘧啶(TMP)同用,可产生增效作用 3. 第1天药量加倍
磺胺间甲氧嘧啶(制菌磺、磺胺-6-甲氧嘧啶)	用于治疗鲤科鱼类的竖鳞病、赤皮病及弧菌病	拌饵投喂:50～100毫克/千克体重,连用4～6天	≥37 (鳗鲡)	1. 与甲氧苄氨嘧啶(TMP)同用,可产生增效作用 2. 第1天药量加倍
氟苯尼考	用于治疗鳗鲡爱德华氏病、赤鳍病	拌饵投喂:10.0毫克/千克体重,连用4～6天	≥7 (鳗鲡)	
聚维酮碘(聚乙烯吡咯烷酮碘、皮维碘、PVP-1、伏碘)(有效碘1.0%)	用于防治细菌性烂鳃病、弧菌病、鳗鲡红头病。并可用于预防病毒病:如草鱼出血病、传染性胰腺坏死病、传染性造血组织坏死病、病毒性出血败血症	全池泼洒: 海水、淡水幼鱼、幼虾:0.2～0.5毫克/升 海水、淡水成鱼、成虾:1～2毫克/升 浸浴: 草鱼种:30毫克/升,15～20分钟 鱼卵:30～50毫克/升(海水鱼卵:25～30毫克/升),5～15分钟	鳗鲡:2～4毫克/升	1. 勿与金属物品接触 2. 勿与季铵盐类消毒剂直接混合使用

注：1. 用法与用量栏未标明海水鱼类与虾类的均适用于淡水鱼类。

2. 休药期为强制性。

6 禁用渔药

严禁使用高毒、高残留或具有三致毒性（致癌、致畸、致突变）的渔药。严禁使用对水域环境有严重破坏而又难以修复的渔药，严禁直接向养殖水域泼洒抗生素，严禁将新近开发的人用新药作为渔药的主要成分或次要成分。禁用渔药见附表 3-2。

附表 3-2 禁用渔药

药物名称	化学名称（组成）	别名
地虫硫磷	O-2 基-S 苯基二硫代磷酸乙酯	大风雷
六六六	1,2,3,4,5,6-六氯环己烷	
林丹	γ-1,2,3,4,5,6-六氯环己烷	丙体六六六
毒杀芬	八氯莰烯	氯化莰烯
滴滴涕	2,2-双(对氯苯基)-1,1,1-三氯乙烷	
甘汞	二氯化汞	
硝酸亚汞	硝酸亚汞	
醋酸汞	醋酸汞	
呋喃丹	2,3-二氢-2,2-二甲基-7-苯并呋喃基-甲基氨基甲酸酯	克百威、大扶农
杀虫脒	N-(2-甲基-4-氯苯基)N',N'-二甲基甲脒盐酸盐	克死蜻
双甲脒	1,5-双-(2,4-二甲基苯基)-3-甲基-1,3,5-三氮戊二烯-1,4	二甲苯胺脒
氟氯氰菊酯	α-氰基-3-苯氧基苯-4-氟苄基(1R,3R)-3-(2,2-二氯乙烯基)-2,2-二甲基环丙烷羧酸酯	百树菊酯、百树得
氟氰戊菊酯	(R,S)-α-氰基-3-苯氧苄基-(R,S)-2-(4-二氟甲氧基)-3-甲基丁酸酯	保好江乌氟氰菊酯
五氯酚钠	五氯酚钠	
孔雀石绿	$C_{23}H_{25}ClN_2$	碱性绿、盐基块绿、孔雀绿
锥虫胂胺		
酒石酸锑钾	酒石酸锑钾	

续表

药物名称	化学名称（组成）	别名
磺胺噻唑	2-(对氨基苯磺酰胺)-噻唑	消治龙
磺胺脒	N_1-脒基磺胺	磺胺胍
呋喃西林	5-硝基呋喃醛缩氨基脲	呋喃新
呋喃唑酮	3-(5-硝基糠叉胺基)-2-噁唑烷酮	痢特灵
呋喃那斯	6-羟甲基-2-[-(5-硝基-2-呋喃基乙烯基)]吡啶	P-7138（实验名）
氯霉素（包括其盐、酯及制剂）	由季内瑞拉链霉素产生或合成法制成	
红霉素	属微生物合成,是 *Streptomyces eyythreus* 产生的抗生素	
杆菌肽锌	由枯草杆菌 *Bacillus subtilis* 或 *B. leicheniformis* 所产生的抗生素,为一种含有噻唑环的多肽化合物	枯草菌肽
泰乐菌素	*S. fradiae* 所产生的抗生素	
环丙沙星	为合成的第三代喹诺酮类抗菌药,常用盐酸盐水合物	环丙氟哌酸
阿伏帕星	阿伏霉素	
喹乙醇	喹乙醇	喹酰胺醇羟乙喹氧
速达肥	5-苯硫基-2-苯并咪唑	苯硫哒唑氨甲基甲酯
己烯雌酚(包括雌二醇等其他类似合成等雌性激素)	人工合成的非甾体雌激素	乙烯雌酚,人造求偶素
甲基睾丸酮(包括丙酸睾丸素、去氢甲睾酮以及同化物等雄性激素)	睾丸素 C_{17} 的甲基衍生物	甲睾酮,甲基睾酮

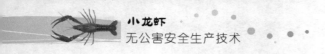

附录 4　NY 5070—2002 无公害食品
水产品中渔药残留限量

前　言

本标准是对 NY 5070—2001《无公害食品　水产品中渔药残留限量》的修订。

本标准修订主要参考了国际食品法典委员会（CAC）《食品中兽药残留》（"Residue of Veterinary Drugs in Foods"）第二版第三卷（1995 修订）和《食品中兽药最大残留限量标准》（"Codex Maximum Residue Limit For Veterinary Drugs in Foods"），同时根据我国水产品贸易情况参考了欧盟法规（EEC Regulation 2377/90.），美国食品与药品管理局（FAD）法规［21CFRCh. I（4-1-01 Edition）Part 556-Tolerance for Residue of New Animal Drugs in Food］以及日本、加拿大、韩国和我国香港地区的动物性食品中兽药最大残留限量标准（MRL），并结合我国水产品养殖生产过程中渔药的使用情况。

本标准保持了原标准的结构形式；在内容上保留了原标准中科学、合理的内容，删除了目前我国水产养殖中没有使用的药物，修订了氯霉素测定方法，增加了附录 A、附录 B，同时对部分内容作了修改和补充。

本标准的附录 A、附录 B 为规范性附录。

本标准由中华人民共和国农业部提出。

本标准由全国水产标准化技术委员会归口。

本标准起草单位：国家水产品质量监督检验中心、青岛出入境检验检疫局、广东出入境检验检疫局。

本标准主要起草人：周德庆、李晓川、李兆新、冷凯良、林黎明、宜齐、吴建丽。

本标准所代替标准的历次版本发布情况为：NY 5070—2001。

1 范围

本标准规定了无公害水产品中渔药及通过环境污染造成的药物残留的最高限量。

本标准适用于水产养殖品及初级加工水产品、冷冻水产品，其他水产加工品可以参照使用。

2 规范性引用文件

下列文件中的条款通过本标准的引用而成为本标准的条款。凡是注日期的引用文件，其随后所有的修改单（不包括勘误的内容）或修订版均不适用于本标准，然而，鼓励根据本标准达成协议的各方研究是否可使用这些文件的最新版本。凡是不注日期的引用文件，其最新版本适用于本标准。

NY 5029—2001 无公害食品 猪肉

NY 5071 无公害食品 渔用药物使用准则

SC/T 3303—1997 冻烤鳗

SN/T 0197—1993 出口肉中喹乙醇残留量检验方法

SN 0206—1993 出口活鳗鱼中噁喹酸残留量检验方法

SN 0208—1993 出口肉中十种磺胺残留量检验方法

SN 0530—1996 出口肉品中呋喃唑酮残留量的检验方法 液相色谱法

3 术语和定义

下列术语和定义适用于本标准。

3.1 渔用药物 fishery drugs

用以预防、控制和治疗水产动、植物的病、虫、害，促进养殖品种健康生长，增强机体抗病能力以及改善养殖水体质量的一切物质，简称"渔药"。

3.2 渔药残留 residues of fishery drugs

在水产品的任何食用部分中渔药的原型化合物或/和其代谢产

物，并包括与药物本体有关杂质的残留。

3.3　最高残留限量　maximum residue Limit，MRL

允许存在于水产品表面或内部（主要指肉与皮或/和性腺）的该药（或标志残留物）的最高量/浓度（以鲜重计，表示为：微克/千克或毫克/千克）。

4　要求

4.1　渔药使用

水产养殖中禁止使用国家、行业颁布的禁用药物，渔药使用时按 NY 5071 的要求进行。

4.2　水产品中渔药残留限量要求

水产品中渔药残留限量要求如下。

（1）抗生素类—四环素类—金霉素（Chlortetracycline），指标（MPL）100 克/千克。

（2）抗生素类—四环素类—土霉素（Oxytetracycline），指标（MPL）100 克/千克。

（3）抗生素类—四环素类—四环素（Tetracycline），指标（MPL）100 克/千克。

（4）抗生素类—氯霉素类—氯霉素（Tetracycline），指标（MPL）不得检出。

（5）磺胺类及增效剂—磺胺嘧啶（Sulfadiazine）。

（6）磺胺类及增效剂—磺胺甲基嘧啶（Sulfamerazine）。

（7）磺胺类及增效剂—磺胺二甲基嘧啶（Sulfadimidine）。

（8）磺胺类及增效剂—磺胺甲噁唑（Sulfamethoxazole），指标（MPL）100（以总量计）克/千克。

（9）磺胺类及增效剂—甲氧苄啶（Trimethoprim），指标（MPL）50 克/千克。

（10）喹诺酮类—噁喹酸（Oxilinic acid），指标（MPL）300 克/千克。

（11）硝基呋喃类—呋喃唑酮（Furazolidone），不得检出。

（12）己烯雌酚（Diethylstilbestrol），不得检出。

（13）己烯雌酚（Olaquindox），不得检出。

5 检测方法

5.1 金霉素、土霉素、四环霉

金霉素测定按 NY 5029—2001 中附录 B 规定执行，土霉素、四环素按 SC/T 3303—1997 中附录 A 规定执行。

5.2 氯霉素

氯霉素残留量的筛选测定方法按本标准中附录 A 执行，测定按 NY 5029—2001 中附录 D（气相色谱法）的规定执行。

5.3 磺胺类

磺胺类中的磺胺甲基嘧啶、磺胺二甲基嘧啶的测定按 SC/T 3303 的规定执行，其他磺胺类按 SN/T 0208 的规定执行。

5.4 噁喹酸

噁喹酸的测定按 SN/T 0206 的规定执行。

5.5 呋喃唑酮

呋喃唑酮的测定按 SN/T 0530 的规定执行。

5.6 己烯雌酚

己烯雌酚残留量的筛选测定方法按本标准中附录 B 规定执行。

5.7 喹乙醇

喹乙醇的测定按 SN/T 0197 的规定执行。

6 检验规则

6.1 检验项目

按相应产品标准的规定项目进行。

6.2 抽样

6.2.1 组批规则

同一水产养殖场内，在品种、养殖时间、养殖方式基本相同的养殖水产品为一批（同一养殖池，或多个养殖池）；水产加工品按批号抽样，在原料及生产条件基本相同下同一天或同一班组生产的产品为一批。

6.2.2 抽样方法

6.2.2.1　养殖水产品

随机从各养殖池抽取有代表性的样品，取样量如下。

（1）生物数量 500（尾、只）以内，取样量 2（尾、只）。

（2）生物数量 500～1000（尾、只），取样量 4（尾、只）。

（3）生物数量 1001～5000（尾、只），取样量 10（尾、只）。

（4）生物数量 5001～10000（尾、只），取样量 20（尾、只）。

（5）生物数量 ≥10001（尾、只），取样量 30（尾、只）。

6.2.2.2　水产加工品

每批抽取样本以箱为单位，100 箱以内取 3 箱，以后每增加 100 箱（包括不足 100 箱）则抽 1 箱。

按所取样本从每箱内各抽取样品不少于 3 件，每批取样量不少于 10 件。

6.3　取样和样品的处理

采集的样品应分成两等份，其中一份作为留样。从样本中取有代表性的样品，装入适当容器，并保证每份样品都能满足分析的要求；样品的处理按规定的方法进行，通过细切、绞肉机绞碎、缩分，使其混合均匀；鱼、虾、贝、藻等各类样品量不少于 200 克。各类样品的处理方法如下：

a）鱼类：先将鱼体表面杂质洗净，去掉鳞、内脏，取肉（包括脊背和腹部）肉和皮一起绞碎，特殊要求除外。

b）龟鳖类：去头、放出血液，取其肌肉包括裙边，绞碎后进行测定。

c）虾类：洗净后，去头、壳，取其肌肉进行测定。

d）贝类：鲜的、冷冻的牡蛎、蛤蜊等要把肉和体液调制均匀后进行分析测定。

e）蟹：取肉和性腺进行测定。

f）混匀的样品，如不及时分析，应置于清洁、密闭的玻璃容器，冰冻保存。

6.4　判定规则

按不同产品的要求所检的渔药残留各指标均应符合本标准的

要求，各项指标中的极限值采用修约值比较法。超过限量标准规定时，允许加倍抽样将此项指标复验一次，按复验结果判定本批产品是否合格。经复检后所检指标仍不合格的产品则判为不合格品。

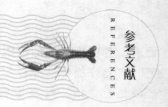

[1] 周凤建，强晓刚，单宏业．小龙虾高效养殖与疾病防治技术[M]．北京：化学工业出版社，2014.

[2] 唐建清，陈肖玮．轻轻松松学养小龙虾[M]．北京：中国农业出版社，2010.

[3] 舒新亚，龚珞军．小龙虾健康养殖实用技术[M]．北京：中国农业出版社，2006.

[4] 梁宗林，孙骥，陈士海．小龙虾（小龙虾）健康养殖实用新技术[M]．北京：海洋出版社，2008.

[5] 周鑫．小龙虾人工繁殖及无公害养殖技术（三）[J]．科学养鱼，2009:1-4.

[6] 黄鲜明，朱俊杰，李飞等．小龙虾室内人工育苗技术[J]．安徽农学通报，2011,17（12）：72，79.

[7] 陶忠虎，邹叶茂．高效养小龙虾(双色印刷)(高效养殖致富直通车)[M]．北京：机械工业出版社,2014.

[8] 占家智，羊茜．小龙虾标准化生态养殖技术[M]．北京：化学工业出版社,2015.

[9] 王建国，王洲，齐富刚．如何办个赚钱的小龙虾家庭养殖场[M]．北京:中国农业科学技术出版社,2015.

[10] 陈昌福，陈萱．小龙虾高效养殖技术图解与实例[M]．北京:海洋出版社,2011.

[11] 邹叶茂，张崇秀．小龙虾稻田综合养殖技术[M]．北京:化学工业出版社,2015.

[12] 王庆．小龙虾繁育机制及养殖生态学研究[D]．南京师范大学,2012.

[13] 吕建林．小龙虾繁殖生物学及胚胎和幼体发育研究[D]．华中农业大学,2006.

[14] 李艳和．小龙虾在我国的入侵遗传学研究[D]．华中农业大学,2013.

[15] 陆剑锋，赖年悦，成永旭．小龙虾资源的综合利用及其开发价值[J]．农产品加工,2006,10:47-62.

化学工业出版社同类优秀图书推荐

ISBN	书名	定价/元
29631	淡水鱼无公害安全生产技术	39.8
29813	经济蛙类营养需求与饲料配制技术	29.8
28193	淡水虾类营养需求与饲料配制技术	28
29292	观赏鱼营养需求与饲料配制技术	38
26873	龟鳖营养需求与饲料配制技术	35
26429	河蟹营养需求与饲料配制技术	29.8
25846	冷水鱼营养需求与饲料配制技术	28
21171	小龙虾高效养殖与疾病防治技术	25
20094	龟鳖高效养殖与疾病防治技术	29.8
21490	淡水鱼高效养殖与疾病防治技术	29
20699	南美白对虾高效养殖与疾病防治技术	25
21172	鳜鱼高效养殖与疾病防治技术	25
20849	河蟹高效养殖与疾病防治技术	29.8
20398	泥鳅高效养殖与疾病防治技术	20
20149	黄鳝高效养殖与疾病防治技术	29.8
22152	黄鳝标准化生态养殖技术	29
22285	泥鳅标准化生态养殖技术	29
22144	小龙虾标准化生态养殖技术	29
22148	对虾标准化生态养殖技术	29

ISBN	书名	定价/元
22186	河蟹标准化生态养殖技术	29
00216A	水产养殖致富宝典(套装共 8 册)	213.4
20397	水产食品加工技术	35
19047	水产生态养殖技术大全	30

邮购地址：北京市东城区青年湖南街 13 号化学工业出版社（100011）

购书服务电话：010-64518888（销售中心）

如要出版新著，请与编辑联系。

编辑联系电话：010-64519829，E-mail：qiyanp@126.com。

如需更多图书信息，请登录 www.cip.com.cn。